Sciences numériques & TECHNOLOGIE

Nouveau programme 2019

2ᵈᵉ

Enseignement commun

**Sous la direction de
André Duco
IA-IPR honoraire, conseiller scientifique**

B. BOUCHER
Professeur de SVT
Lycée Camille Claudel, Vauréal (95)

S. DARDENNE
Professeur de Physique-Chimie
Lycée Jean-Baptiste Colbert, Reims (51)

F. DEVOST
Professeur de Technologie
Collège Pierre et Marie Curie, L'Isle-Adam (95)

J. GERARD
Photographe professionnel
Studio et Labo Photo Vittel (88)

B. HANOUCH
Professeur de Mathématiques
Lycée Condorcet, Limay (78)

S. JOSEPH
Formateur en éducation aux médias et à l'information
Centre pour L'Éducation aux Médias et à l'Information

F. JOURDIN
Professeur de Physique-Chimie
Lycée Jean Zay, Orléans (45)

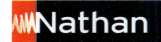

Sommaire

- Présentation des ressources numériques 4
- À la découverte du manuel 6
- Évaluer ses compétences numériques grâce à PIX 8
- Programme officiel 12
- Bienvenue au lycée 15

THÈME 1 — Internet 16

1. Internet et les réseaux physiques 18
2. Le protocole de communication TCP/IP 20
3. PROJET Le serveur DNS 22
4. PROJET La communication dans les réseaux 24
5. PROJET Les échanges pair-à-pair 26
6. La messagerie 28
7. Enjeux éthiques et sociétaux d'internet 30
- Le Mag' des SNT 32
- Bilan 34
- Exercices 36

THÈME 2 — Le web 40

1. Le fonctionnement du Web 42
2. Langages d'une page Web 44
3. Mécanisme des échanges sur le Web 46
4. PROJET Les moteurs de recherche 48
5. Risques et sécurité sur le Web 50
6. Enjeux éthiques et sociétaux du Web 52
- Le Mag' des SNT 54
- Bilan 56
- Exercices 58

THÈME 3 — Les réseaux sociaux 62

1. La diversité des réseaux sociaux 64
2. PROJET Représentation d'un réseau social 66
3. Nature des réseaux sociaux 68
4. Modèles économiques des réseaux 70
5. L'accès à l'information 72
6. Les traces numériques 74
7. Enjeux éthiques et sociétaux des réseaux 76
- Le Mag' des SNT 78
- Bilan 80
- Exercices 82

THÈME 4 — Les données structurées et leur traitement 86

1. Notion de donnée structurée 88
2. Formats de données structurées 90
3. PROJET Acquisition et traitement de données via un smartphone 92
4. PROJET Exploitation d'une base de données 94
5. PROJET Algorithmes de tri 96
6. Les métadonnées des fichiers 98
7. Le cloud 100
8. Enjeux éthiques et sociétaux du Big Data 102
- Le Mag' des SNT 104
- Bilan 106
- Exercices 108

Nathan © 2019 - 25 avenue Pierre de Coubertin, 75013 Paris. ISBN / 978-209-172913-8

THÈME 5 — Localisation, cartographie et mobilité 112

1. De la donnée à la carte numérique 114
2. PROJET Les données géolocalisées 116
3. La géolocalisation des données numériques 118
4. PROJET Se géolocaliser avec un smartphone 120
5. PROJET Récupérer des données de géolocalisation 122
6. Algorithmes et calculs d'itinéraires 124
7. Les applications des cartes numériques 126
8. Enjeux éthiques et sociétaux liés à la géolocalisation 128
- Le Mag' des SNT 130
- Bilan 132
- Exercices 134

THÈME 6 — Informatique embarquée et objets connectés 138

1. Les Systèmes Informatiques Embarqués 140
2. Les Interfaces Homme-Machine 142
3. PROJET Un algorithme branché ! 144
4. PROJET La barrière automatique 146
5. Le vélo à assistance électrique 148
6. Le véhicule autonome 150
7. PROJET Programmer un robot autonome 152
8. Enjeux éthiques et sociétaux liés aux objets connectés 154
- Le Mag' des SNT 156
- Bilan 158
- Exercices 160

THÈME 7 — La photographie numérique 164

1. À l'origine, la vision humaine 166
2. Qu'est-ce qu'une photographie numérique ? 168
3. Capteurs et capture d'une image 170
4. Du capteur à l'image numérique 172
5. PROJET Traiter une image par programme 174
6. PROJET Les métadonnées photographiques 176
7. Manipuler les images numériques 178
8. Enjeux éthiques et sociétaux liés à la photographie numérique 180
- Le Mag' des SNT 182
- Bilan 184
- Exercices 186

- Mémento 190
- Lexique 200
- Corrigés 202

SUR LES GARDES DE LA COUVERTURE
Qu'est-ce que l'informatique ?

Sur les gardes avant :	Sur les gardes arrière :
• C'est une affaire d'algorithmes	• C'est une affaire de données
• C'est une affaire de machines	• C'est une affaire de langages

LES RESSOURCES NUMÉRIQUES ▶ voir p. 4-5

- ➕ **Les vidéos-débat** .... Smartphone – site compagnon
- ➕ **Exercices et QCM interactifs** .... Smartphone – site compagnon
- ➕ **Bilans interactifs** .... Smartphone – site compagnon
- ➕ **Bilans en audio** .... Smartphone – site compagnon
- ➕ **Textes version DYS** .... Site compagnon

Présentation des ressources numériques

Les VIDÉOS-DÉBAT

 Des vidéos pour introduire chaque thème

en ouverture de chaque thème

SOMMAIRE DES VIDÉOS-DÉBATS

THÈME 1 • Internet aux mains des opérateurs
THÈME 2 • Théories du complot
THÈME 3 • Sur internet ma vie est publique
THÈME 4 • Surveillance et données personnelles
THÈME 5 • Vos données valent de l'or
THÈME 6 • Atterrissage automatisé en plein brouillard
THÈME 7 • *Deepfakes* et désinformation

Les EXERCICES INTERACTIFS

 De nombreux QCM, vrai/faux et quiz interactifs

près de 100 exercices pour s'entraîner en autonomie ou en classe

+ Les bilans interactifs pour réviser en autonomie

+ Tous les bilans en version audio

+ Tous les textes en version DYS

Comment repérer les ressources au fil du manuel ?

- Votre manuel est entièrement bi-média. Vous avez la possibilité d'alterner votre travail entre le support numérique et le support papier.

→ Vos ressources sont repérables dans votre manuel via différents pictos

Où trouver les ressources de mon manuel ?

NOUVEAU !

- Flashez les pages directement avec **Nathan Live** pour accéder aux ressources gratuitement !

① Téléchargez **l'application gratuite Nathan live** disponible dans tous les stores sur votre smartphone ou votre tablette (Appstore, GooglePlay)

② Ouvrez l'application. Flashez les pages de l'ouvrage où apparaît un picto en plaçant votre appareil au-dessus de la page. Vous accédez directement à la ressource !

(!) L'application nécessite une connexion internet

Toutes les ressources élèves sont également accessibles via le **manuel numérique** et le **site compagnon** pour répondre à tous les usages

À la découverte du manuel

L'OUVERTURE DU THÈME

▶ Une grande photo pour introduire chaque chapitre en le situant dans le quotidien.
+ Une vidéo-débat
+ Une image à analyser
+ Un chiffre-clé
+ Un texte explicatif
+ Une frise chronologique

LES UNITÉS

Des activités variées

▶ Des activités thématiques présentant des documents riches, des iconographies originales !
▶ Des questionnements progressifs en lien avec les enjeux d'avenir
▶ Pour certaines unités, deux itinéraires proposés
▶ Des encarts « Point info ! » ou « Vocabulaire »

LES UNITÉS PROJET

Différents types de projets

▶ En autonomie
▶ En binôme
▶ En groupe

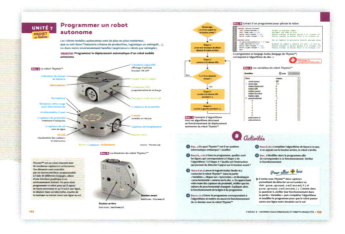

LE MAG' DES SNT

Véritable page magazine du numérique !

▶ Des articles pour élargir sa vision du monde, mais aussi la présentation d'un film, d'un métier et des brèves étonnantes !

LE BILAN

L'essentiel à retenir

▶ Par le texte
▶ Par l'image

LES EXERCICES

Pour se tester et s'entrainer

▶ Vrai/faux, QCM, Quiz… pour tester ses connaissances pour approfondir les notions puis un exercice guidé et un QCM sur document, avant une dernière rubrique d'exercices.

▶ Et toujours, pour finir, une ENQUÊTE pour aller plus loin.

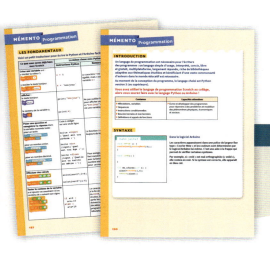

MÉMENTO

▶ Des méthodes, des aides et des fiches de synthèse.
▶ Des activités de prise en main.

Évaluer ses compétences numériques grâce à PIX

Qu'est-ce-que PIX ?

- Initié dans le cadre du dispositif Startup d'État en 2016, Pix est le service public en ligne qui permet à chacun – élèves, étudiants, professionnels, demandeurs d'emploi, retraités etc. – de mesurer son niveau de compétences numériques tout au long de la vie, dans 5 domaines (information et données, communication et collaboration, production de contenus, protection et sécurité, environnement numérique), grâce à des tests ludiques, adaptatifs, orientés sur la pratique ; et de valoriser ses acquis grâce à la certification PIX reconnue par l'État et le monde professionnel.
- PIX a vocation à devenir le standard de la certification des compétences numériques et se prépare pour un déploiement national dans l'enseignement scolaire et supérieur, ainsi que dans la sphère professionnelle, afin de répondre aux défis de la transition numérique.
- Pour en savoir plus, rendez-vous sur https://pix.fr/.

Quelques situations d'évaluation

SITUATION 1

Question

Qui a modifié la page Wikipédia française d'Albert Einstein le 4 mai 2018 ?

Nom ou pseudo : einstein

JE PASSE — JE VALIDE

Réponse possible

❌ Vous n'avez pas la bonne réponse

Qui a modifié la page Wikipédia française d'Albert Einstein le 4 mai 2018 ?

~~einstein~~
➡ Markov

Pour réussir la prochaine fois

💡 Avez-vous pensé à consulter l'historique des versions de la page ? On peut l'afficher, faire des recherches par date, et retrouver le détail des contributions.

Wikipedia : Interface des articles

SITUATION 2

Question

Le codage binaire est utilisé en informatique pour coder l'information. Combien peut-on coder de valeurs différentes sur 3 bits ?

Exemple de codage
010

Nombre : 8

JE PASSE — JE VALIDE

Réponse possible

✅ Vous avez la bonne réponse !

Le codage binaire est utilisé en informatique pour coder l'information. Combien peut-on coder de valeurs différentes sur 3 bits ?

Exemple de codage
010

8

Pour en apprendre davantage

Introduction au langage binaire

Tableau de suivi des capacités

● Le tableau ci-dessous fait le lien entre les capacités attendues par le programme officiel, les activités qui sont proposées dans ce manuel et les activités proposées par la plateforme PIX.

THÈME 1 — Internet

Capacités attendues dans le programme	Unités où est travaillée la capacité	Évaluations certifications PIX envisageables
▶ Distinguer le rôle des protocoles IP et TCP.	**U2 :** Le protocole TCP/IP	**1.1.** Mener une recherche et une veille d'informations
▶ Caractériser les principes du routage et ses limites.	**U2 :** Le protocole TCP/IP **U4 :** La communication dans les réseaux	**1.1.** Mener une recherche et une veille d'informations
▶ Distinguer la fiabilité de transmission et l'absence de garantie temporelle.	**U2 :** Le protocole TCP/IP	**1.1.** Mener une recherche et une veille d'informations
▶ Sur des exemples réels, retrouver une adresse IP à partir d'une adresse symbolique et inversement.	**U3 :** Le DNS **U4 :** La communication dans les réseaux	**1.1.** Mener une recherche et une veille d'informations **1.2.** Gérer des données
▶ Décrire l'intérêt des réseaux pair-à-pair ainsi que les usages illicites qu'on peut en faire.	**U5 :** Le réseau pair à pair	**1.1.** Mener une recherche et une veille d'informations
▶ Caractériser quelques types de réseaux physiques : obsolètes ou actuels, rapides ou lents, filaires ou non.	**U1 :** Internet et les réseaux physiques	**1.1.** Mener une recherche et une veille d'informations
▶ Caractériser l'ordre de grandeur du trafic de données sur internet et son évolution.	Ouverture **U1 :** Internet et les réseaux physiques	**1.1.** Mener une recherche et une veille d'informations
▶ Impacts sur les pratiques humaines (la neutralité du Net)	**U7 :** Enjeux éthiques et sociétaux d'internet **Le Mag'**	**1.1.** Mener une recherche et une veille d'informations **2.1.** Interagir pour échanger **2.4.** S'insérer dans le monde numérique

THÈME 2 — Le Web

Capacités attendues dans le programme	Unités où est travaillée la capacité	Évaluations certifications PIX envisageables
▶ Définir les étapes du développement du Web.	Ouverture	**2.4.** S'insérer dans le monde numérique
▶ Maîtriser les renvois d'un texte à différents contenus.	**U1 :** Fonctionnement du Web	**5.2.** Construire un environnement numérique
▶ Distinguer ce qui relève du contenu d'une page et de son style de présentation.	**U2 :** Langages d'une page Web	**3.1.** Développer des documents textuels
▶ Étudier et modifier une page HTML simple.	**U2 :** Langages d'une page Web	**2.2.** Partager et publier **3.3.** Adapter les documents à leur finalité **3.4.** Programmer
▶ Décomposer l'URL d'une page.	**U1 :** Fonctionnement du Web	**5.2.** Construire un environnement numérique
▶ Reconnaître les pages sécurisées.	**U3 :** Mécanisme des échanges sur le Web	**4.1.** Sécuriser l'environnement numérique
▶ Décomposer le contenu d'une requête HTTP et identifier les paramètres passés.	**U3 :** Mécanisme des échanges sur le Web	**2.1.** Interagir pour échanger **2.2.** Partager et publier
▶ Inspecter le code d'une page hébergée par un serveur et distinguer ce qui est exécuté par le client et par le serveur.	**U2 :** Langages d'une page Web	**3.4.** Programmer
▶ Mener une analyse critique des résultats fournis par un moteur de recherche.	**U4 :** Les moteurs de recherche	**1.1.** Mener une recherche et une veille d'information **1.2.** Gérer des données
▶ Comprendre que toute requête laisse des traces.	**U4 :** Les moteurs de recherche **U5 :** Risques et sécurité sur le Web	**1.1.** Mener une recherche et une veille d'information **3.4.** Programmer
▶ Maîtriser les réglages les plus importants concernant la gestion des cookies, la sécurité et la confidentialité d'un navigateur.	**U5 :** Risques et sécurité sur le Web	**4.1.** Sécuriser l'environnement numérique **4.2.** Protéger les données personnelles et la vie privée **4.3.** Protéger la santé, le bien-être et l'environnement
▶ Impacts sur les pratiques humaines (accès à la publication et à la diffusion d'informations)	**U6 :** Enjeux éthiques et sociétaux du Web **Le Mag'**	**2.3.** Collaborer **2.4.** S'insérer dans le monde numérique

THÈME 3 — Les réseaux sociaux

Capacités attendues dans le programme	Unités où est travaillée la capacité	Évaluations certifications PIX envisageables
▶ Distinguer plusieurs réseaux sociaux selon leurs caractéristiques, y compris un ordre de grandeur de leurs nombres d'abonnés.	Ouverture U1 : La diversité des réseaux sociaux Bilan	2.3. Collaborer 3.3. Adapter les documents à leur finalité
▶ Identifier les sources de revenus des entreprises de réseautage social.	U4 : Modèles économiques des réseaux	1.2. Gérer des données 5.2. Construire un environnement numérique
▶ Déterminer ces caractéristiques sur des graphes simples.	U2 : Représentation d'un réseau social U3 : Nature des réseaux sociaux	1.3. Traiter des données 5.2. Construire un environnement numérique
▶ Décrire comment l'information présentée par les réseaux sociaux est conditionnée par le choix préalable de ses amis.	U5 : L'accès à l'information	1.1. Mener une recherche et une veille d'information
▶ Connaître les dispositions de l'article 222-33-2-2 du code pénal.	U7 : Enjeux éthiques et sociétaux des réseaux	2.2. Partager et publier
▶ Impacts sur les pratiques humaines	U6 : Les traces numériques U7 : Enjeux éthiques et sociétaux des réseaux Le Mag'	2.4. S'insérer dans le monde numérique 4.2. Protéger les données personnelles et la vie privée 4.3. Protéger la santé, le bien-être et l'environnement

THÈME 4 — Les données structurées et leur traitement

Capacités attendues dans le programme	Unités où est travaillée la capacité	Évaluations certifications PIX envisageables
▶ Identifier les principaux formats et représentations de données.	U2 : Formats des données structurées	1.3. Traiter des données
▶ Identifier les différents descripteurs d'un objet.	U1 : Notion de donnée structurée U2 : Formats des données structurées U4 : Exploitation d'une base de données	
▶ Distinguer la valeur d'une donnée de son descripteur.	U1 : Notion de donnée structurée U4 : Exploitation d'une base de données	
▶ Réaliser des opérations de recherche, filtre, tri ou calcul sur une ou plusieurs tables.	U2 : Formats des données structurées U3 : Acquisition et traitement de données via un smartphone U4 : Exploitation d'une base de données U5 : Algorithmes de tri sur des bases de données	1.3. Traiter des données 3.4. Programmer
▶ Retrouver les métadonnées d'un fichier personnel.	U6 : Les métadonnées des fichiers	1.1. Mener une recherche et une veille d'information
▶ Utiliser un support de stockage dans le nuage.	U7 : Le cloud	1.1. Mener une recherche et une veille d'information
▶ Partager des fichiers, paramétrer des modes de synchronisation.	U7 : Le cloud	
▶ Identifier les principales causes de la consommation énergétique des centres de données ainsi que leur ordre de grandeur.	Ouverture U1 : Notion de donnée structurée	
▶ Impacts sur les pratiques humaines	Ouverture U1 : Notion de donnée structurée U8 : Enjeux éthiques et sociétaux du Big Data Le Mag'	1.1. Mener une recherche et une veille d'information 1.3. Traiter des données 2.1. Interagir pour échanger 2.4. S'insérer dans le monde numérique 4.2. Protéger les données personnelles et la vie privée 4.3. Protéger la santé, le bien-être et l'environnement

THÈME 5 — Localisation, cartographie et mobilité

Capacités attendues dans le programme	Unités où est travaillée la capacité	Évaluations certifications PIX envisageables
▶ Décrire le principe de fonctionnement de la géolocalisation.	**U3 :** La géolocalisation des données numériques	
▶ Identifier les différentes couches d'information de GeoPortail pour extraire différents types de données.	**U1 :** De la donnée à la carte numérique	**1.1.** Mener une recherche et une veille d'information
▶ Contribuer à OpenStreetMap de façon collaborative.	**U2 :** Les données géolocalisées	**2.3.** Collaborer
▶ Décoder une trame NMEA pour trouver des coordonnées géographiques.	**U4 :** Se géolocaliser avec un smartphone **U5 :** Récupérer des données de géolocalisation	
▶ Utiliser un logiciel pour calculer un itinéraire.	**U6 :** Algorithmes et calculs d'itinéraire	
▶ Représenter un calcul d'itinéraire comme un problème sur un graphe.	**U6 :** Algorithmes et calculs d'itinéraire	
▶ Régler les paramètres de confidentialité d'un téléphone pour partager ou non sa position.	**U8 :** Enjeux éthiques et sociétaux liés à la géolocalisation	**4.2.** Protéger les données personnelles et la vie privée
▶ Impacts sur les pratiques humaines	**U7 :** Les applications des cartes numériques **U8 :** Enjeux éthiques et sociétaux liés à la géolocalisation	**4.2.** Protéger les données personnelles et la vie privée

THÈME 6 — Informatique embarquée et objets connectés

Capacités attendues dans le programme	Unités où est travaillée la capacité	Évaluations certifications PIX envisageables
▶ Identifier des algorithmes de contrôle des comportements physiques à travers les données des capteurs, l'IHM et les actions des actionneurs dans des systèmes courants.	**U1 :** Les Systèmes Informatiques Embarqués **U5 :** Le vélo à assistance électrique **U6 :** Le véhicule autonome	**1.2.** Gérer des données **1.3.** Traiter des données
▶ Réaliser une IHM simple d'un objet connecté.	**U2 :** Les Interfaces Homme-Machine **U3 :** Réaliser une interface pour un smartphone **U4 :** La barrière automatique	**3.4.** Programmer **4.1.** Sécuriser l'environnement numérique
▶ Écrire des programmes simples d'acquisition de données ou de commande d'un actionneur.	**U4 :** La barrière automatique **U7 :** Programmer un robot autonome	**3.4.** Programmer
▶ Impacts sur les pratiques humaines	**U8 :** Enjeux éthiques et sociétaux des objets connectés **Le Mag'**	**4.1.** Sécuriser l'environnement numérique **4.2.** Protéger les données personnelles et la vie privée

THÈME 7 — La photographie numérique

Capacités attendues dans le programme	Unités où est travaillée la capacité	Évaluations certifications PIX envisageables
▶ Distinguer les photosites du capteur et les pixels de l'image en comparant les résolutions du capteur et de l'image selon les réglages de l'appareil.	**U3 :** Capteurs et capture d'une image **U4 :** Du capteur à l'image numérique	**3.2.** Développer des documents multimédia
▶ Retrouver les métadonnées d'une photographie.	**U6 :** Les métadonnées photographiques	**1.1.** Mener une recherche et une veille d'information **4.2.** Protéger les données personnelles et la vie privée
▶ Traiter par programme une image pour la transformer en agissant sur les trois composantes de ses pixels.	**U5 :** Traiter une image par programme	**3.4.** Programmer
▶ Expliciter des algorithmes associés à la prise de vue.	**U4 :** Du capteur à l'image numérique	
▶ Identifier les étapes de la construction de l'image finale.	**U2 :** Qu'est-ce qu'une photographie numérique ? **U3 :** Capteurs et capture d'une image **U4 :** Du capteur à l'image numérique	**3.2.** Développer des documents multimédia
▶ Impacts sur les pratiques humaines	**U7 :** Manipuler les images numériques **U8 :** Enjeux éthiques et sociétaux de la photographie numérique	**1.1.** Mener une recherche et une veille d'information **2.2.** Partager et publier **3.2.** Développer des documents multimédia **3.3.** Adapter les documents à leur finalité

Programme d'après le B.O. spécial n°1 du 22 janvier 2019

● L'enseignement de sciences numériques et technologie en classe de seconde a pour objet de permettre d'appréhender les principaux concepts des sciences numériques, mais également de permettre aux élèves, à partir d'un objet technologique, de comprendre le poids croissant du numérique et les enjeux qui en découlent. La numérisation généralisée des données, les nouvelles modalités de traitement ou de stockage et le développement récent d'algorithmes permettant de traiter de très grands volumes de données numériques constituent une réelle rupture dans la diffusion des technologies de l'information et de la communication. Cette révolution multiplie les impacts majeurs sur les pratiques humaines. [...]

THÈME 1 Internet

Contenus	Capacités attendues
▶ Protocole TCP/IP : paquets, routage des paquets	▶ Distinguer le rôle des protocoles IP et TCP. ▶ Caractériser les principes du routage et ses limites. ▶ Distinguer la fiabilité de transmission et l'absence de garantie temporelle.
▶ Adresses symboliques et serveurs DNS	▶ Sur des exemples réels, retrouver une adresse IP à partir d'une adresse symbolique et inversement.
▶ Réseaux pair-à-pair	▶ Décrire l'intérêt des réseaux pair-à-pair ainsi que les usages illicites qu'on peut en faire.
▶ Indépendance d'internet par rapport au réseau physique	▶ Caractériser quelques types de réseaux physiques : obsolètes ou actuels, rapides ou lents, filaires ou non. ▶ Caractériser l'ordre de grandeur du trafic de données sur internet et son évolution.

Exemples d'activités

▶ Illustrer le fonctionnement du routage et de TCP par des activités débranchées ou à l'aide de logiciels dédiés, en tenant compte de la destruction de paquets.
▶ Déterminer l'adresse IP d'un équipement et l'adresse du DNS sur un réseau.
▶ Analyser son réseau local pour observer ce qui y est connecté.
▶ Suivre le chemin d'un courriel en utilisant une commande du protocole IP.

THÈME 2 Le Web

Contenus	Capacités attendues
▶ Repères historiques	▶ Connaître les étapes du développement du Web.
▶ Notions juridiques	▶ Connaître certaines notions juridiques (licence, droit d'auteur, droit d'usage, valeur d'un bien).
▶ Hypertexte	▶ Maîtriser les renvois d'un texte à différents contenus.
▶ Langages HTML et CSS	▶ Distinguer ce qui relève du contenu d'une page et de son style de présentation. ▶ Étudier et modifier une page HTML simple.
▶ URL	▶ Décomposer l'URL d'une page. ▶ Reconnaître les pages sécurisées.
▶ Requête HTTP	▶ Décomposer le contenu d'une requête HTTP et identifier les paramètres passés.
▶ Modèle client/serveur	▶ Inspecter le code d'une page hébergée par un serveur et distinguer ce qui est exécuté par le client et par le serveur.
▶ Moteurs de recherche : principes et usages	▶ Mener une analyse critique des résultats fournis par un moteur de recherche. ▶ Comprendre les enjeux de la publication d'informations.
▶ Paramètres de sécurité d'un navigateur	▶ Maîtriser les réglages les plus importants concernant la gestion des cookies, la sécurité et la confidentialité d'un navigateur. ▶ Sécuriser sa navigation en ligne et analyser les pages et fichiers.

Exemples d'activités

▶ Construire une page Web simple contenant des liens hypertextes, la mettre en ligne.
▶ Modifier une page Web existante, changer la mise en forme d'une page en modifiant son CSS. Insérer un lien dans une page Web.
▶ Comparer les paramétrages de différents navigateurs.
▶ Utiliser plusieurs moteurs de recherche, comparer les résultats et s'interroger sur la pertinence des classements.
▶ Réaliser à la main l'indexation de quelques textes sur quelques mots puis choisir les textes correspondant à une requête.
▶ Calculer la popularité d'une page à l'aide d'un graphe simple puis programmer l'algorithme.
▶ Paramétrer un navigateur de manière qu'il interdise l'exécution d'un programme sur le client.
▶ Comparer les politiques des moteurs de recherche quant à la conservation des informations sur les utilisateurs.
▶ Effacer l'historique du navigateur, consulter les cookies, paramétrer le navigateur afin qu'il ne garde pas de traces.
▶ Utiliser un outil de visualisation tel que Cookieviz pour mesurer l'impact des cookies et des traqueurs lors d'une navigation.
▶ Régler les paramètres de confidentialité dans son navigateur ou dans un service en ligne.

THÈME 3 **Les réseaux sociaux**

Contenus	Capacités attendues
▶ Identité numérique, e-réputation, identification, authentification	▶ Connaître les principaux concepts liés à l'usage des réseaux sociaux.
▶ Réseaux sociaux existants	▶ Distinguer plusieurs réseaux sociaux selon leurs caractéristiques, y compris un ordre de grandeur de leurs nombres d'abonnés. ▶ Paramétrer des abonnements pour assurer la confidentialité de données personnelles.
▶ Modèle économique des réseaux sociaux	▶ Identifier les sources de revenus des entreprises de réseautage social.
▶ Rayon, diamètre et centre d'un graphe	▶ Déterminer ces caractéristiques sur des graphes simples.
▶ Notion de « petit monde » ▶ Expérience de Milgram	▶ Décrire comment l'information présentée par les réseaux sociaux est conditionnée par le choix préalable de ses amis.
▶ Cyberviolence	▶ Connaître les dispositions de l'article 222-33-2-2 du code pénal. ▶ Connaître les différentes formes de cyberviolence (harcèlement, discrimination, sexting...) et les ressources disponibles pour lutter contre la cyberviolence.

Exemples d'activités
▶ Construire ou utiliser une représentation du graphe des relations d'un utilisateur. S'appuyer sur la densité des liens pour identifier des groupes, des communautés. ▶ Sur des exemples de graphes simples, en informatique débranchée, étudier les notions de rayon, diamètre et centre d'un graphe, de manière à illustrer la notion de « petit monde ». ▶ Comparer les interfaces et fonctionnalités de différents réseaux sociaux. ▶ Dresser un comparatif des formats de données, des possibilités d'échange ou d'approbation (bouton like), de la persistance des données entre différents réseaux sociaux. ▶ Analyser les paramètres d'utilisation d'un réseau social. Analyser les autorisations données aux applications tierces. ▶ Discuter des garanties d'authenticité des comptes utilisateurs ou des images. ▶ Lire et expliquer les conditions générales d'utilisation d'un réseau social. ▶ Consulter le site nonauharcelement.education.gouv.fr.

THÈME 4 **Les données structurées et leur traitement**

Contenus	Capacités attendues
▶ Données	▶ Définir une donnée personnelle. ▶ Identifier les principaux formats et représentations de données.
▶ Données structurées	▶ Identifier les différents descripteurs d'un objet. ▶ Distinguer la valeur d'une donnée de son descripteur. ▶ Utiliser un site de données ouvertes, pour sélectionner et récupérer des données.
▶ Traitement de données structurées	▶ Réaliser des opérations de recherche, filtre, tri ou calcul sur une ou plusieurs tables.
▶ Métadonnées	▶ Retrouver les métadonnées d'un fichier personnel.
▶ Données dans le nuage (cloud)	▶ Utiliser un support de stockage dans le nuage. ▶ Partager des fichiers, paramétrer des modes de synchronisation. ▶ Identifier les principales causes de la consommation énergétique des centres de données ainsi que leur ordre de grandeur.

Exemples d'activités
▶ Consulter les métadonnées de fichiers correspondant à des informations différentes et repérer celles collectées par un dispositif et celles renseignées par l'utilisateur. ▶ Télécharger des données ouvertes (sous forme d'un fichier au format CSV avec les métadonnées associées), observer les différences de traitements possibles selon le logiciel choisi pour lire le fichier : programme Python, tableur, éditeur de textes ou encore outils spécialisés en ligne. ▶ Explorer les données d'un fichier CSV à l'aide d'opérations de tri et de filtre, effectuer des calculs sur ces données, réaliser une visualisation graphique des données. ▶ À partir de deux tables de données ayant en commun un descripteur, montrer l'intérêt des deux tables pour éviter les redondances et les anomalies d'insertion et de suppression, réaliser un croisement des données permettant d'obtenir une nouvelle information. ▶ Illustrer, par des exemples simples, la consommation énergétique induite par le traitement et le stockage des données.

THÈME 5 — Localisation, cartographie et mobilité

Contenus	Capacités attendues
▶ GPS, Galileo	▶ Décrire le principe de fonctionnement de la géolocalisation.
▶ Cartes numériques	▶ Identifier les différentes couches d'information de GeoPortail pour extraire différents types de données. ▶ Contribuer à OpenStreetMap de façon collaborative.
▶ Protocole NMEA 0183	▶ Décoder une trame NMEA pour trouver des coordonnées géographiques.
▶ Calculs d'itinéraires	▶ Utiliser un logiciel pour calculer un itinéraire. ▶ Représenter un calcul d'itinéraire comme un problème sur un graphe.
▶ Confidentialité	▶ Régler les paramètres de confidentialité d'un téléphone pour partager ou non sa position.

Exemples d'activités
▶ Expérimenter la sélection d'informations à afficher et l'impact sur le changement d'échelle de cartes (par exemple sur GeoPortail), ainsi que les ajouts d'informations par les utilisateurs dans OpenStreetMap. ▶ Mettre en évidence les problèmes liés à un changement d'échelle dans la représentation par exemple des routes ou de leur nom sur une carte numérique pour illustrer l'aspect discret du zoom. ▶ Calculer un itinéraire routier entre deux points à partir d'une carte numérique. ▶ Connecter un récepteur GPS sur un ordinateur afin de récupérer la trame NMEA, en extraire la localisation. ▶ Extraire la géolocalisation des métadonnées d'une photo. ▶ Situer sur une carte numérique la position récupérée. ▶ Consulter et gérer son historique de géolocalisation.

THÈME 6 — Informatique embarquée et objets connectés

Contenus	Capacités attendues
▶ Systèmes informatiques embarqués	▶ Identifier des algorithmes de contrôle des comportements physiques à travers les données des capteurs, l'IHM et les actions des actionneurs dans des systèmes courants.
▶ Interface homme-machine (IHM)	▶ Réaliser une IHM simple d'un objet connecté.
▶ Commande d'un actionneur, acquisition des données d'un capteur	▶ Écrire des programmes simples d'acquisition de données ou de commande d'un actionneur.

Exemples d'activités
▶ Identifier les évolutions apportées par les algorithmes au contrôle des freins et du moteur d'une automobile, ou à l'assistance au pédalage d'un vélo électrique. ▶ Réaliser une IHM pouvant piloter deux ou trois actionneurs et acquérir les données d'un ou deux capteurs. ▶ Gérer des entrées/sorties à travers les ports utilisés par le système. ▶ Utiliser un tableau de correspondance entre caractères envoyés ou reçus et commandes physiques (exemple : le moteur A est piloté à 50 % de sa vitesse maximale lorsque le robot reçoit la chaîne de caractères « A50 »).

THÈME 7 — La photographie numérique

Contenus	Capacités attendues
▶ Photosites, pixels, résolution (du capteur, de l'image), profondeur de couleur	▶ Distinguer les photosites du capteur et les pixels de l'image en comparant les résolutions du capteur et de l'image selon les réglages de l'appareil.
▶ Métadonnées EXIF	▶ Retrouver les métadonnées d'une photographie.
▶ Traitement d'image	▶ Traiter par programme une image pour la transformer en agissant sur les trois composantes de ses pixels.
▶ Rôle des algorithmes dans les appareils photo numériques	▶ Expliciter des algorithmes associés à la prise de vue. ▶ Identifier les étapes de la construction de l'image finale.

Exemples d'activités
▶ Programmer un algorithme de passage d'une image couleur à une image en niveaux de gris : par moyenne des pixels RVB ou par changement de modèle de représentation (du RVB au TSL, mise de la saturation à zéro, retour au RVB). ▶ Programmer un algorithme de passage au négatif d'une image. ▶ Programmer un algorithme d'extraction de contours par comparaison entre pixels voisins et utilisation d'un seuil. ▶ Utiliser un logiciel de retouche afin de modifier les courbes de luminosité, de contraste, de couleur d'une photographie.

BIENVENUE AU LYCÉE

VOTRE ANNÉE DE SECONDE

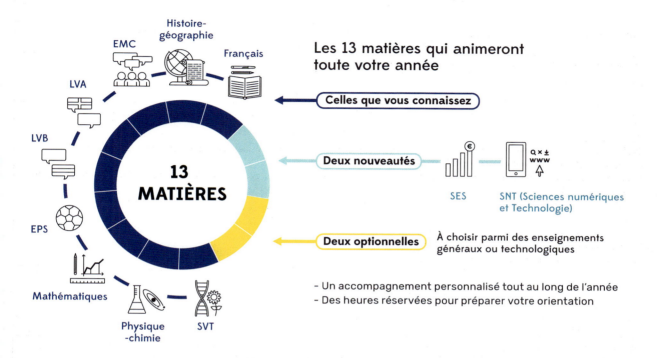

Les 13 matières qui animeront toute votre année

Celles que vous connaissez

Deux nouveautés — SES, SNT (Sciences numériques et Technologie)

Deux optionnelles À choisir parmi des enseignements généraux ou technologiques

- Un accompagnement personnalisé tout au long de l'année
- Des heures réservées pour préparer votre orientation

Préparez vos choix pour la Première

 LA VOIE TECHNOLOGIQUE
Les séries technologiques sont organisées autour de grands domaines de connaissances appliquées aux différents secteurs d'activités et proposent l'étude de situations concrètes.

 LA VOIE GÉNÉRALE
Un tronc commun et trois enseignements de spécialités qui ouvrent des horizons. Un choix très ouvert : vous poursuivrez deux de ces spécialités en Terminale.

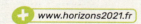 www.horizons2021.fr

Votre Bac démarre dès la Première

 BULLETINS
Vos bulletins scolaires de Première et de Terminale seront pris en compte dans la note finale.

 ÉPREUVES
En Première et en Terminale, vous serez évalué en contrôle continu dans votre lycée. Vous passerez aussi des épreuves nationales.

 GRAND ORAL
Une nouvelle épreuve pour tous en Terminale.

Construisez votre parcours professionnel

VOUS
- Explorez le monde professionnel.
- Découvrez les formations du Supérieur.
- Interrogez-vous sur vos centres d'intérêt et vos atouts.

VOTRE LYCÉE
- Bénéficiez de l'accompagnement personnalisé et des Semaines de l'orientation.
- Adressez-vous à votre professeur principal, aux psychologues de l'éducation nationale (au lycée ou au CIO).

LES OUTILS NUMÉRIQUES
Posez directement vos questions aux conseillers ONISEP sur la plate-forme gratuite et personnalisée Mon Orientation.

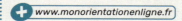 www.monorientationenligne.fr

AUTOUR DE VOUS
Journées portes ouvertes, salons, stages d'immersion, visites d'entreprise…

THÈME 1 — Internet

Installation d'un câble sous-marin à fibre optique

Le 5 septembre 2018, le Cameroun et le Brésil ont été interconnectés par un câble sous-marin à fibre optique sur plus de 6 000 km de long. Il assurera un trafic de 32 térabits par seconde. Cette infrastructure renforcera la connexion de l'Afrique centrale au reste du monde.

340 milliards de milliards de milliards de milliards

Doc. a Des centres de données au Big Data
Toutes les données circulant sur internet sont stockées sur des serveurs équipés de disques durs de très grande capacité. Ils sont tous regroupés dans d'immenses **datacenters** appelées aussi « centres de données ».

C'est le nombre d'adresses IP (version v6) disponibles (l'**adresse IP** est un numéro d'identification attribué à tout objet connecté à internet). Soit 2,6 milliards d'adresses IPv6 possibles par millimètre carré de surface terrestre (océan compris).

> Internet est un réseau informatique mondial qui rend accessible à ses utilisateurs un certain nombre de services comme la messagerie, la publication (le Web), la communication directe (le chat) et les transferts de fichiers.
> Né à la fin des années 60 comme un projet essentiellement militaire, internet (ArpaNet à l'origine) a été utilisé par la suite pour relier les grandes universités américaines et accélérer l'échange de connaissances et la collaboration scientifique. Au cours des années 90, internet a vu un nouveau tournant avec l'essor du commerce en ligne. Les années 2000 ont marqué le début des réseaux sociaux.
> En quelques décennies, internet est passé d'un projet expérimental à un réseau omniprésent, devenu indispensable à la vie économique mondiale, et considéré aujourd'hui à juste titre comme une infrastructure critique pour nos sociétés.

Doc. b Internet court les rues

Vidéo-débat

Doc. c Internet aux mains des opérateurs

▶ Quels impacts peuvent avoir les opérateurs sur les usages des utilisateurs ?

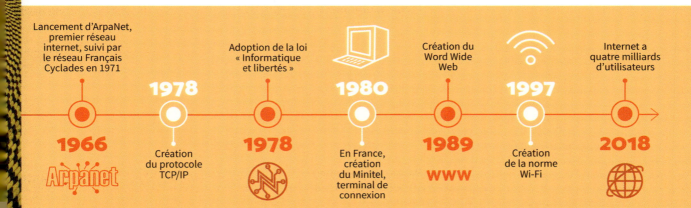

- **1966** Arpanet — Lancement d'ArpaNet, premier réseau internet, suivi par le réseau Français Cyclades en 1971
- **1978** Création du protocole TCP/IP
- **1978** Adoption de la loi « Informatique et libertés »
- **1980** En France, création du Minitel, terminal de connexion
- **1989** WWW — Création du Word Wide Web
- **1997** Création de la norme Wi-Fi
- **2018** Internet a quatre milliards d'utilisateurs

THÈME 1 | INTERNET | 17

UNITÉ 1 — Internet et les réseaux physiques

Internet est un réseau logiciel mondial qui repose en réalité sur une grande variété d'infrastructures physiques (câbles, antennes et relais, satellites, fibres) par le biais desquelles les données transitent.

▶ **Comment les données circulent-elles sur ces réseaux et quel en est le trafic ?**

Doc. a Les câbles sous-marins d'internet

D'un seul câble transatlantique en 1858 et d'une vingtaine en 2015, on passe à plus de 450 câbles sous-marins aujourd'hui qui s'étendent sur plus de 1,2 million de kilomètres, reposant au fond des océans.
Ces liaisons à fibres optiques supportent plus de 99 % du trafic internet mondial. Leur nombre augmente chaque année pour faire face à l'augmentation considérable du flux de données.

Vidéo : câbles sous-marins, la guerre invisible

Lien 1.01 : carte interactive

Point info !

Les câbles sous-marins sont bien protégés. Dans cette coupe (7 à 15 cm en général), de l'extérieur vers l'intérieur, on peut voir une couche de polyéthylène, une bande de Mylar, des tenseurs en acier, une protection en aluminium pour l'étanchéité, du polycarbonate, un tube en aluminium ou en cuivre, de la vaseline et enfin les fibres optiques.

Doc. b Caractéristiques de différents réseaux

Mode de transmission	Type de réseau	Débits constatés	Remarques
Fibre optique domestique	Câble (fibre optique)	300 Mbit/s à 1 Gbit/s	Mieux développé dans les grandes villes
ADSL	Câble (réseau téléphonique)	1 à 70 Mbit/s	Passe par le réseau téléphonique déjà installé, très courant encore aujourd'hui
Réseaux câblés urbains	Câble (cuivre)	600 Mbit/s	Technologie basée sur l'ancien réseau de télévision par câble
4G	Sans fil	30 Mbit/s	5G en cours de développement
Satellite	Sans fil	20 Mbit/s	Couvre la France entière sans « zones d'ombre »

Doc. c Plan France Très Haut Débit

Ce plan a pour objectif de couvrir l'intégralité du territoire français en internet très haut débit d'ici 2022.

Lien 1.02 : état des lieux des débits disponibles

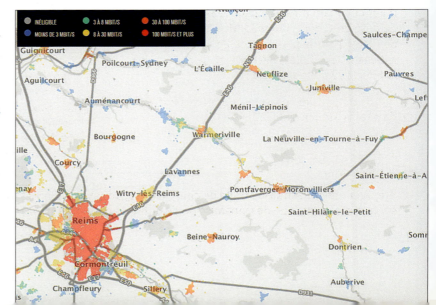

Point info !

Les premiers ennemis des câbles sous-marins ne sont pas les avalanches sous-marines, ni même les morsures de requins, mais d'abord et de loin les ancres de bateaux.

Doc. d Prospective sur la croissance du volume de données échangées dans le monde

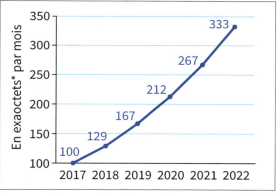

*1 exaoctet = 10^{18} octets

Source : Statista

Doc. e Distribution du trafic internet mondial par application en 2019

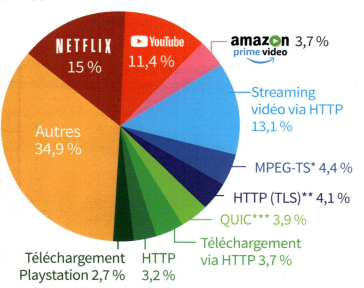

*Protocole de transfert de vidéos numériques   **Protocole de transfert http sécurisé
***Protocole de transfert optimisé développé par Google

Source : Statista

Vocabulaire

▶ **Bande passante :** débit binaire ou quantité d'informations pouvant être transmises simultanément sur une voie de transmission. Plus le débit binaire est élevé (haut débit), plus on transfère d'informations en un temps donné.

Activités

1 **Doc. a** À l'aide du lien 1.02, rechercher le nombre de points d'arrivée de câbles en France métropolitaine. Discuter de leur intérêt stratégique.

2 **Doc. a** Déterminer les caractéristiques du câble reliant Lannion (Bretagne) aux USA (nom, date de mise en service, longueur du câble). Faire de même pour le plus long câble du monde, le SeaMeWe-3. Relever le nombre de pays connectés à ce câble.

3 **Doc. b** Déterminer les avantages et inconvénients de chacun de ces réseaux.

4 **Docs b et c** Déterminer quel type de réseau est utilisé à Poilcourt-Sydney au Nord de Reims, et la Neuville-en-Tourne-à-Fuy, à l'Est de Reims. Comparer au débit disponible dans une ville comme Reims, pour en déduire quels types de réseaux sont disponibles à Reims et non à la Neuville-en-Tourne-à-Fuy.

5 **Docs d et e** Noter l'ordre de grandeur du trafic internet actuel. Commenter l'évolution de ce trafic sur cinq ans. Les réseaux (câbles sous-marins et terrestres) doivent-ils continuer à être développés ? Quel est le type de données majoritairement échangées sur internet ? À quelle proportion de l'ensemble du trafic cela correspond-il ?

Conclusion

Préparer une présentation orale de cinq minutes, appuyée sur une diapositive, sur le réseau physique de transmission de données d'internet de votre choix.

UNITÉ 2 — Le protocole de communication TCP/IP

Grâce à son universalité, internet est devenu le moyen de communication principal entre les hommes et les machines. Pour communiquer, tous les appareils connectés utilisent des règles communes constituant un protocole de communication.

▶ **Comment les données échangées sur internet arrivent-elles à destination ?**

Protocole de communication

Doc. a Qu'est-ce qu'un protocole de communication ?

Le protocole humain : que se passe-t-il quand deux personnes se parlent ?
Soient Alice et Maï qui engagent une conversation.

Phases du protocole	Échanges entre Alice et Maï	Observations
Établissement de la communication	Bonjour, excusez-moi. / Bonjour !	Mot-clé stéréotypé qui caractérise l'ouverture d'une communication entre deux individus
Échanges de communication	Où se trouve le métro ? / Juste au bout de la rue.	Les contenus (données) sont variables
Terminaison de la communication	Merci, au revoir. / De rien, au revoir.	Mots-clés stéréotypés qui caractérisent la terminaison d'une communication entre deux individus

Doc. b Le protocole IP, vous avez dit IP !

Tous les objets connectés sur internet (tablettes, smartphones, etc.) peuvent échanger entre eux des informations en respectant un certain protocole. C'est le **protocole IP** (*Internet Protocol*). À chaque appareil est associé un numéro d'identification appelé « **adresse IP** ». C'est une adresse unique attribuée à chaque appareil connecté sur internet ; c'est-à-dire qu'il n'existe pas sur internet deux ordinateurs ayant la même adresse IP. Elle se présente le plus souvent sous forme de quatre nombres (entre 0 et 255), séparés par des points. Par exemple : 204.35.129.3

Aujourd'hui, le nombre d'adresses est limité à 2^{32} adresses différentes, ce qui sera bientôt insuffisant. L'adresse IP est en fait l'adresse du réseau et de la machine. Elle peut varier entre 0.0.0.0 et 255.255.255.255. On y ajoute le **masque de sous-réseau**, indissociable de l'adresse IP, qui indique quelle partie de l'adresse IP est l'adresse du réseau, et laquelle est l'adresse de la machine.

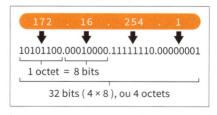

▶ **Exemple d'adresse IPV4**

Pour connaître son adresse IP, il suffit d'entrer dans l'« invite de commande », disponible sous Windows dans les accessoires, et de taper la commande « ipconfig ».

Protocole de transmission des données

Doc. c La transmission des données par paquets

Envoyer un colis par la poste équivaut à envoyer un paquet de données. Vous suivez le même protocole :
1. Emballer l'objet dans un emballage adéquat.
2. Indiquer sur l'emballage l'adresse du destinataire (n° rue, ville, CP, pays) et au dos l'adresse de l'expéditeur : c'est le « paquet » à transmettre.
3. Déposer le colis à la poste.

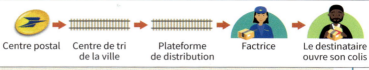

Centre postal → Centre de tri de la ville → Plateforme de distribution → Factrice → Le destinataire ouvre son colis

L'acheminement se fait selon certaines règles

Doc. d Le protocole TCP, vous avez dit TCP ?

Parole d'expert

TCP (*Transmission Control Protocol* : littéralement « le protocole de contrôle de transmission ») régit les échanges de paquets de données entre des machines connectées sur internet.
- Il vérifie que le destinataire est prêt à recevoir les données dans de bonnes conditions.
- Il prépare les envois de paquets de données. Le TCP de l'émetteur découpe les gros paquets de données en paquets plus petits qu'il numérote.
- Il vérifie que chaque paquet est bien arrivé. Au besoin, le TCP du destinataire redemande les paquets manquants et les réassemble avant de les livrer dans la machine.

Doc. e Le protocole TCP/IP, un modèle en couches

Machine connecté 1 → Machine connectée 2

COUCHE APPLICATION (4)
Englobe les applications standard du réseau (les logiciels présents dans une machine connectée) et l'indication du protocole de transport utilisé.

COUCHE TRANSPORT (TCP) (3)
Fragmente les messages en paquets de données afin de pouvoir les acheminer sur la couche internet d'une machine vers une autre adresse IP et établit la communication entre les deux adresses.

COUCHE INTERNET (IP) (2)
Détermine les chemins possibles à travers le réseau en précisant notamment les adresses IP de l'expéditeur et du destinataire.

COUCHE ACCÈS RÉSEAU (1)
Spécifie la forme sous laquelle les données doivent être acheminées quel que soit le type de réseau utilisé.

Internet

Vocabulaire

▶ **Protocole** : ensemble de règles qui permettent d'établir une communication entre deux objets connectés sur un réseau.

▶ **Paquet** : unités élémentaires de l'information qui circule dans un réseau. Il s'agit d'une suite d'octets suffisamment courte (1 500 maximum) pour pouvoir être communiquée sous forme numérique et sans erreur sur un câble de communication ou tout autre type de liaison numérique.

Activités

1 **Docs a et b** Sur la base du document a, imaginer les échanges entre deux ordinateurs dont l'un envoie un fichier à l'autre.

2 **Docs b et c** Trouver l'adresse IP de votre ordinateur. Cette adresse est-elle identique à celle de votre voisin ?

3 **Docs b et c** Tester la communication de votre poste avec ceux de vos voisins en utilisant la commande « ping » suivie de l'adresse IP du poste voisin dans l'invite de commande.

4 **Docs d et e** Pourquoi dit-on que TCP est un protocole de transport connecté et fiable. Quels avantages présente-t-il par rapport au transport postal ?

5 **Doc. e** Rechercher comment TCP traite-t-il les cas de données perdues, erronées, dupliquées, ou arrivées dans le désordre à l'autre bout de la liaison Internet ?

Conclusion

Pourquoi est-il indispensable que les deux machines qui communiquent disposent des mêmes protocoles ?

Le serveur DNS

Tous les appareils connectés sur internet (smartphone, ordinateur, serveur...) communiquent entre eux à l'aide de leur adresse IP. Cependant, dans l'usage, les utilisateurs n'utilisent que des adresses symboliques ou adresses internet (URL).

OBJECTIF Associer une adresse IP et une adresse internet.

Doc. a — Une adresse sur le réseau internet

Chaque ordinateur connecté sur internet possède son adresse IP.
Le serveur sur lequel est installé le site que vous voulez consulter a lui aussi une adresse IP. Mais bien sûr, vous ne la connaissez pas ! Dans la barre d'adresse de votre navigateur ce n'est pas l'adresse IP de ce serveur que vous tapez, mais c'est un nom de domaine (ou nom d'hôte) qui est l'équivalent de son adresse postale, mais sur internet. Par exemple : musee-orsay.fr/
L'URL (*Uniform Ressource Locator*) complète du site Web du musée d'Orsay est https://www.musee-orsay.fr/
Le nom de domaine (musee-orsay) est souvent précédé d'un nom de sous-domaine (www.). C'est le nom du site où le document est hébergé, ce site étant lui-même hébergé sur un serveur. Un nom de domaine correspond à un mot facilement identifiable et unique.

Vocabulaire

▶ **Requête :** demande émise par un ordinateur client. Il l'émet à destination d'un autre ordinateur, le serveur, qui contient l'information recherchée et l'envoie au client.

Doc. b — Principe du nommage des adresses internet (adresses symboliques)

L'adresse d'un site Web est construite comme une arborescence.
Prenons l'exemple du site fr.wikipedia.org

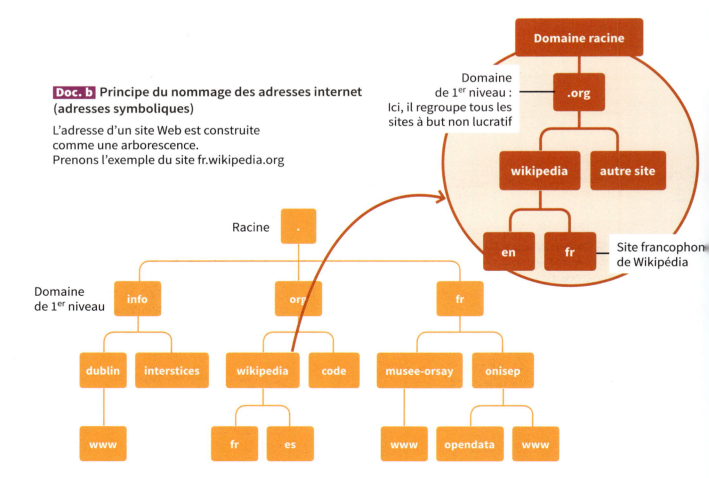

22

Doc. c Lier internet aux ressources Web

Un serveur n'est pas nécessairement une machine physique : plusieurs serveurs peuvent cohabiter au sein d'une seule machine physique. Un serveur peut tout aussi bien être supporté par plusieurs machines, qui permettent de restituer l'ensemble de la réponse ou de pouvoir équilibrer la charge des requêtes entre elles. Le point clé est que, sémantiquement, un nom de domaine représente un seul serveur.
Dans la pratique, l'internaute aura seulement besoin de connaître le serveur sur lequel se connecter, et donc son adresse IP sur laquelle il viendra chercher les pages web demandées.

C'est le rôle assumé par le service **DNS** (***Domain Name Services***). Le service DNS est né de la volonté de faciliter et de standardiser le processus d'identification des ressources connectées aux réseaux informatiques tels qu'internet. Comme les machines ne savent communiquer qu'à travers l'échange d'adresses IP difficiles à mémoriser pour l'homme, le DNS agit comme un annuaire téléphonique en fournissant la correspondance entre le nom de la machine et son adresse IP.

Doc. d Serveur DNS et requête DNS

(Schéma représentant les étapes d'une résolution DNS : 1. Utilisateur ; 2. Requête sur interstices.info vers le Serveur DNS ; 3. interstices.info – Aller au serveur « .info » (Serveur de noms DNS) ; 4. interstices.info – Aller au serveur « interstice » (Serveur de nom « .info ») ; 5. interstices.info ; 6. 128.93.162.59 (Serveur de nom « interstices.info ») ; 7. 128.93.162.59 retour à l'utilisateur ; 8. interstices.info vers le Serveur « interstices.info » ; 9. Page Web demandée.)

Activités

1 Docs a et b Trouver l'adresse IP actuelle de votre ordinateur. Saisir dans la barre d'adresse de votre navigateur l'adresse IP du musée d'Orsay (195.254.146.9). Que se passe-t-il ? Rechercher à l'aide du site https://whoer.net/fr/checkwhois l'adresse de votre site préféré.

2 Doc. b Quelle application dans votre smartphone a un rôle du même type que celui d'un DNS et vous permet de contacter un ami sans connaître son numéro de téléphone ?

3 Doc. c Quelle(s) information(s) peut apporter l'extension d'un nom de domaine ? Proposer une adresse symbolique pour le nom de domaine de Wikipédia en Allemagne (DEutschland). Comment est-il construit ? Compléter cette liste d'extensions nationales : .fr, .it, .be …

▶ **Doc. d** Réaliser la simulation d'une résolution de requête DNS.

Fiche à télécharger :
« Simulation déconnectée de résolution d'une requête DNS »

UNITÉ 4
PROJET en groupe

La communication dans les réseaux

Dans la marine, le routage correspond à la détermination de la route que doit suivre un navire. Sur internet, c'est le même principe : les données que nous envoyons au travers du réseau doivent être dirigées au sein de celui-ci afin qu'elles arrivent sans encombre à leur destinataire.

OBJECTIF Comment les informations circulent-elles au sein des réseaux ?

Communication entre machines

Doc. a Réseau local et internet

Les machines (ordinateurs, tablettes, imprimantes…) sont reliées entre elles au sein de réseaux locaux.

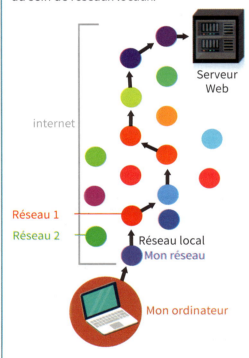

Point info !

Internet est la contraction de « *Inter-networks* », c'est-à-dire « entre réseaux ». Internet est donc l'interconnexion des réseaux de la planète, en quelque sorte un réseau de réseaux.

Doc. b Un identifiant, l'adresse MAC

Au sein d'un réseau, une machine connectée peut communiquer avec une ou plusieurs autres machines. Mais pour pouvoir communiquer avec une machine en particulier, il faut être capable de l'identifier. Les chercheurs ont donc créé l'**adresse MAC**, un identifiant particulier lié à la carte réseau de chaque machine. Ainsi, chaque appareil connecté à un réseau possède sa propre adresse MAC, unique au monde.
Une adresse MAC est codée sur 6 octets. Chaque octet représente 8 bits, donc il existe une quantité considérable de valeurs possibles pour une adresse MAC.

Exemple d'adresse MAC sur un routeur

Doc. c Un protocole de communication : Ethernet

Ethernet est le protocole de loin le plus utilisé aujourd'hui. Il permet aux machines d'un même réseau de s'échanger des informations. Dans un message, on doit envoyer trois éléments primordiaux :
- l'adresse de l'émetteur ;
- l'adresse du destinataire ;
- et le contenu du message bien sûr.

C'est le protocole Ethernet qui indique comment mettre en forme les informations à transmettre.
On y ajoute d'autres informations : le protocole de couche 3 et le CRC (un code de détection d'erreur).

Adresse MAC DST (Destinataire du message)	Adresse MAC SRC (Émetteur du message)	Protocole de couche 3	Message à transmettre	CRC (Code de détection d'erreur de transmission)

Composition d'une trame Ethernet

Communication au sein d'un réseau

Doc. d Simuler le fonctionnement d'un réseau local

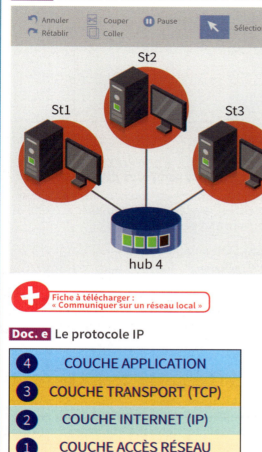

Point info !

Sur un PC, on peut suivre le routage d'un message depuis cette machine vers un site distant. Sous Windows, faire un clic droit sur « Démarrer » et dans la fenêtre taper « cmd » ; appuyer sur entrée. Dans la nouvelle fenêtre entrer la commande « tracert www.nathan.fr. » l'itinéraire emprunté pour atteindre le site s'affichera alors.

➕ Fiche à télécharger : « Communiquer sur un réseau local ».

Doc. e Le protocole IP

4	COUCHE APPLICATION
3	COUCHE TRANSPORT (TCP)
2	COUCHE INTERNET (IP)
1	COUCHE ACCÈS RÉSEAU

Doc. f Le routage

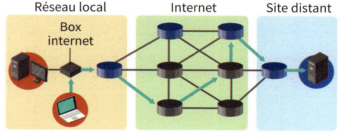

 Routeurs

Tous les réseaux sont connectés entre eux. Le routage permet d'envoyer un message hors du réseau local, vers les autres réseaux. C'est le routeur qui s'occupe de cette opération.

Activités

1 **Docs a, b et c** Quelle information trouve-t-on en premier dans une trame Ethernet ? Pourquoi ? On pourra s'aider d'une recherche internet pour répondre à la question.

2 **Doc. d** À l'aide du logiciel « simulateur réseau », réaliser le TP de la fiche protocole, et répondre aux questions qui y sont posées.

3 **Docs e et f** À l'aide du logiciel « simulateur réseau », réaliser le TP de la fiche protocole et répondre aux questions qui y sont posées.

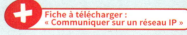

4 **Doc. f** En observant la structure du réseau internet, expliquer pourquoi il serait difficile « d'éteindre internet ».

Conclusion

Faire une synthèse du principe de circulation des informations dans un réseau.

UNITÉ 5
PROJET en groupe

Les échanges pair-à-pair

Sur internet, les échanges de données se font souvent sur le fonctionnement client-serveur. Il existe aussi la possibilité d'échanger et de partager directement entre internautes des fichiers de données. C'est le principe sur lequel repose le réseau pair-à-pair.

OBJECTIF Comprendre le fonctionnement, les intérêts et les limites du réseau d'échange direct pair-à-pair.

Un mode d'échange alternatif

Doc. a Le jeu du P2P

« Le jeu du P2P » est une activité de groupe (quatre ou cinq élèves) permettant de comprendre les échanges serveur-client et pair-à-pair. Le but du jeu est de télécharger un fichier d'enregistrement d'un phénomène particulier.

➕ Fiche à télécharger : « Un jeu de pair-à-pair »

Ici, les cinq cartes qui serviront à jouer correspondent à un enregistrement audio.

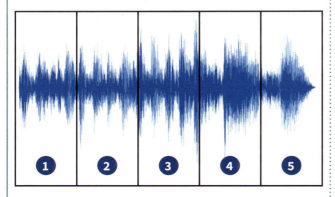

Doc. c Le partage de fichiers

BitTorrent, apparu sur le Web en 2002, est un protocole de transfert de données pair-à-pair permettant de récupérer de lourds fichiers. Chaque internaute désireux de télécharger le même fichier participe aussi à sa diffusion, en échangeant de petits « paquets », ce qui contribue à accélérer le transfert.

Doc. b Architecture comparée de réseaux

Le réseau « pair-à-pair » tire son nom de la traduction de l'expression anglaise « **peer-to-peer** » (« ami-à-ami », souvent abrégé « P2P »).

De nombreux utilisateurs peuvent échanger des données ou télécharger un ou plusieurs fichiers à partir d'un serveur central. Les ressources sont centralisées, le réseau est évolutif et la sécurité est assez bonne puisqu'il n'y a d'échange qu'entre le serveur et le client. Mais le serveur doit supporter toute la charge du réseau, ainsi que sa sécurité. L'entretien du réseau est coûteux, surtout pour faire face à l'accroissement des demandes des utilisateurs de plus en plus nombreux. L'augmentation de l'utilisation de la bande passante entraîne l'encombrement des autoroutes de l'information.

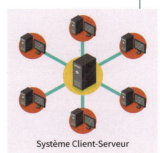

Système Client-Serveur

Comme les ordinateurs peuvent échanger des données entre eux, ils peuvent fournir aux autres internautes les « bouts de fichiers » qu'ils possèdent déjà. Chaque ordinateur est à la fois client et serveur. Cette architecture est plus résistante aux pannes. Elle permet de diminuer l'utilisation de la bande passante et son coût est moins élevé, mais il n'y a pas de centralisation des données. Cependant, la garantie de la sécurité est plus délicate à cause de plus nombreuses connexions.

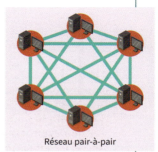

Réseau pair-à-pair

Des applications spécifiques

Doc. d Le calcul partagé

Certaines recherches scientifiques nécessitent des puissances de calcul considérables qui ne pourraient être satisfaites que par des supercalculateurs, très coûteux et rares. La difficulté peut être contournée ainsi : on répartit les calculs sur un nombre virtuellement infini d'ordinateurs en répartissant les charges du calcul sur chacun d'entre eux et en organisant de façon automatique la collecte des résultats.

De cette manière, le projet Folding@home, réalisé par des chercheurs de l'université de Stanford, a permis l'étude du repliement des protéines (*folding*), des repliements anormaux, de l'agrégation des protéines et des maladies qui y sont liées.

Vocabulaire

▶ **Pair** : personne qui a la même situation sociale ou fonction.

▶ **Streaming** : technique de diffusion et de lecture en ligne et en continu de données.

▶ **Blockchain** : base de données qui contient l'historique de tous les échanges effectués entre ses utilisateurs depuis sa création. Elle est partagée par ses différents utilisateurs, sans intermédiaire, ce qui permet à chacun de vérifier la validité de la chaîne.

Point info !

Le Bitcoin est une cryptomonnaie virtuelle et décentralisée (aucune autorité ou gouvernement ne règne sur le Bitcoin). Cette monnaie est échangeable de pair-à-pair sans passer par un intermédiaire comme une banque par exemple. Le Bitcoin est sécurisé par une *blockchain*.

🔗 **Lien vidéo 1.03 :** Fonctionnement du Bitcoin

Doc. e Une multitude d'utilisations du P2P

De nos jours, certains services de **streaming** (de multimédias, vidéos ou musique) fonctionnent en P2P. De nombreux jeux en réseau, des services de téléphonie sur IP (VoIP) comme Skype ou des services de ventes aux enchères exploitent ce mode de fonctionnement. Enfin les *blockchains*, sur lesquelles sont basées les monnaies virtuelles, comme le bitcoin, se développent de la même manière.

Le P2P est aussi malheureusement grandement utilisé pour des échanges de fichiers piratés (logiciels, blu-ray, musique), souvent illégaux, voire avec des contenus condamnables. On peut ainsi héberger des fichiers interdits à son insu qui seront ensuite dispersés avec sa propre adresse IP.

① **Doc. a** À l'aide de la fiche protocole, réaliser une partie de P2P. Comparer la durée nécessaire selon les quatre différentes méthodes proposées pour que les « clients » puissent être tous servis intégralement. En déduire les avantages de la méthode 4, et l'intérêt des échanges par paquets de données.

② **Docs b à e** Quels sont les avantages et inconvénients du modèle client-serveur ? De l'architecture P2P ?

③ **Docs c à e** Réaliser une recherche internet pour trouver quelques autres utilisations du P2P.

▶ Préparer une présentation orale de cinq minutes d'une d'utilisation du P2P, en illustrant son fonctionnement à l'aide d'un diaporama de trois diapositives.

UNITÉ 6 — La messagerie

Le réseau internet permet d'échanger des fichiers, des pages Web mais aussi des messages. Les messageries sur internet (courrier électronique ou messagerie instantanée) sont aussi populaires aujourd'hui que le courrier postal, notamment grâce à leurs services diversifiés.

▶ **Comment fonctionne un service de messagerie sur internet ?**

Doc. a — Serveur de messagerie

Les serveurs connectés en permanence au réseau offrent de nombreux services dont celui d'acheminer le courrier d'une machine à une autre : ce sont des serveurs de **messagerie**.

Pour échanger des messages, l'internaute doit contacter ce serveur. Il utilise une application particulière (un client de messagerie) installé dans sa machine (Thunderbird, Windows Mail, Outlook…) ou bien utilise une messagerie Web (Webmail).

Doc. b — Analogie entre courrier papier et courrier électronique

Les e-mails utilisent deux types de serveurs, ayant chacun des modes de fonctionnement (protocoles) particuliers.

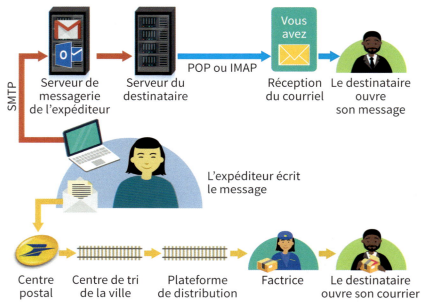

Source : Docs.lachiver.fr

Doc. c — L'adresse mail (courriel, en français)

Une adresse électronique, adresse e-mail ou adresse courriel, est une chaîne de caractères permettant de recevoir du courrier électronique dans une boîte aux lettres électronique.

Une adresse e-mail comprend les trois éléments suivants, dans cet ordre :
- une partie locale : identifiant généralement une personne du type « nom.prénom » ou un pseudo, ou un nom de service (info, vente, postmaster) ;
- le caractère séparateur @ (arobase), signifiant *at* (« à » ou « chez », en anglais) ;
- l'adresse du serveur, généralement un nom de domaine identifiant l'entreprise hébergeant la boîte électronique (gmail.com, free.fr, …).

Voici quelques adresses mails valides :
accueil@orange.fr, hotline@free.fr

Point info !

Le caractère « @ » a été choisi par l'inventeur du mail car il n'est jamais utilisé dans les noms de personnes ou d'entreprises.

Vocabulaire

▶ **Netiquette :** charte définissant les règles de conduite et de politesse à adopter sur les premiers médias de communication mis à disposition par internet.

▶ **Avatar :** personnage virtuel symbolisant l'utilisateur.

Doc. d Les protocoles d'échanges de messages électroniques

Les serveurs de messagerie sont parfois appelés **serveurs SMTP** (*Simple Mail Transfer Protocol* ou Protocole Simple pour le Transfert des Mails) car ils communiquent entre eux via un protocole éponyme. L'envoi et la réception d'un courriel entre un expéditeur et un destinataire utilise plusieurs protocoles :

Le protocole sortant : SMTP
Il réceptionne et centralise les messages envoyés.

Les protocoles « entrants » : POP et IMAP
Ils gèrent l'authentification du titulaire d'un compte et celle des destinataires. Ils organisent l'envoi des messages et la récupération de ces messages par les utilisateurs.

POP (*Post Office Protocol*, ou Protocole de Bureau de Poste). Il réceptionne tous les messages reçus et les envoie sur la machine du destinataire.

IMAP (*Internet Message Access Protocol*). Il réceptionne tous les messages reçus et les stocke. Seuls les en-têtes des messages sont envoyés vers le poste utilisateur. Il tient les messages à disposition (accès possible à partir de différents postes pour l'utilisateur).

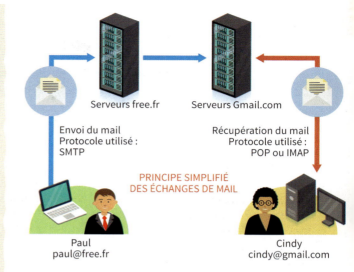

Doc. e La messagerie instantanée

La messagerie instantanée, dialogue en ligne, chat (anglicisme pour « bavardage », francisé en tchat) ou clavardage (québécisme), permet l'échange instantané de messages textuels et de fichiers entre plusieurs personnes, par l'intermédiaire d'ordinateurs connectés au même réseau. À la différence d'un courrier électronique (e-mail), la discussion est instantanée : les messages apparaissent dès qu'ils sont saisis et envoyés, et les utilisateurs peuvent y répondre en temps réel, dès qu'ils les reçoivent.

Quelques précautions sur les messageries instantanées
- Ne pas donner d'informations personnelles ;
- Faire attention aux images diffusées ;
- Être vigilant sur les rencontres virtuelles qui débouchent sur de réelles rencontres ;
- Respecter un code de bonne conduite aussi en ligne ;
- Apprendre à utiliser les émoticônes à bon escient.

Fiche à télécharger : « Quelques règles d'usage de la messagerie »

Activités

1. **Doc. a** Donner les avantages et les inconvénients des deux manières de relever son courrier.

2. **Doc. b** Quel est l'équivalent de la clef de votre boîte aux lettres pour le courrier électronique ? Pour quelle raison la messagerie électronique est-elle plus rapide que les courriers papier ? Un message électronique peut-il faire office de preuve dans une transaction commerciale ? Faire une recherche pour répondre à la question.

3. **Doc. c** Peut-il exister deux adresses courriel identiques ?

4. **Doc. d** L'adresse du serveur de messagerie de votre compte doit-elle être enregistrée sur votre ordinateur ? En est-il de même pour celle du serveur de votre destinataire ? Expliquer pourquoi les serveurs IMAP sont majoritairement utilisés.

5. **Doc. e** Pouvez-vous être sûr(e) de l'identité de la personne avec laquelle vous tchattez ?

Conclusion

Réaliser une présentation orale des caractéristiques d'un serveur de messagerie.

UNITÉ 7 — Enjeux éthiques et sociétaux d'internet

Actuellement, les données numériques circulent sur les réseaux d'internet (mail, vidéo, message, voix…) sans discrimination technologique, c'est ce qu'on appelle la « neutralité du net ». Certains voudraient revenir sur ce principe fondateur et remettent en cause la neutralité de l'internet.

▶ **Quel peut être l'avenir d'internet, avec ou sans la « neutralité du Net » ?**

Doc. a — Le trafic internet mondial dans les prochaines années

TOP 5 AMÉRICAIN
1ᵉ NETFLIX
2ᵉ HTTP Media Stream
3ᵉ Raw MPEG-TS
4ᵉ amazon prime video
5ᵉ YouTube

TOP 4 ZONE EMEA
1ᵉ YouTube
2ᵉ NETFLIX
3ᵉ HTTP Media Stream
4ᵉ amazon prime video

TOP 3 APAC
1ᵉ HTTP Media Stream
2ᵉ facebook
3ᵉ NETFLIX

Le monde est de plus en plus connecté : en 2019, 51 % de la population mondiale a accès à internet.
Le débit des connexions va augmenter. Le débit moyen fixe va ainsi doubler en cinq ans pour s'établir à 42,5 mégabits par seconde. La majorité du trafic se fera par les mobiles (70 %) transitera par le Wi-Fi (53 %). Enfin l'usage de la vidéo sera le principal facteur de croissance (80 % du trafic d'ici 5 ans).

D'après Blogdumodérateur.com

- **1992 :** 100 Go par jour
- **1997 :** 100 Go par heure
- **2002 :** 100 Go par seconde

Doc. b — Neutralité du Net

Parole d'expert

La **neutralité d'internet** est un principe qui garantit l'égalité de traitement de tous les flux de données sur internet.

Selon Sébastien Soriano, Président de l'Autorité de Régulation des Communications Électroniques et des Postes (ARCEP),

« c'est la liberté de circulation dans le monde numérique. […] Sur internet, c'est la liberté d'innover, de poster des contenus, de consulter ce que l'on veut, sur tous les sites, les applications que l'on veut sans avoir des biais qui soient introduits par des intermédiaires. La neutralité du net, c'est avoir accès au vrai internet ».

Concrètement, cela concerne les **FAI (Fournisseur d'Accès Internet)** qui se doivent de transmettre des données sans en examiner le contenu ou l'altérer, sans prise en compte de la source ou de la destination des données et sans privilégier un protocole de communication.

Doc. c — L'essor de l'internet mobile et un nouveau modèle économique à venir ?

Lors du 31ᵉ DigiWorld à Montpellier, Vodafone a annoncé qu'il allait tester en Espagne la commercialisation d'un accès privilégié à la 4G dans les périodes de congestion du réseau. Les clients qui souscriront l'option auront accès au haut-débit mobile de manière optimum. « *Ce choix devrait dynamiser le développement de l'internet mobile tout en créant de la valeur pour les opérateurs* », s'est félicité Michel Combes, le directeur de Vodafone.

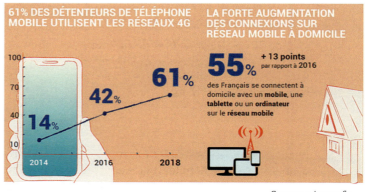

61% DES DÉTENTEURS DE TÉLÉPHONE MOBILE UTILISENT LES RÉSEAUX 4G
2014 : 14% — 2016 : 42% — 2018 : 61%

LA FORTE AUGMENTATION DES CONNEXIONS SUR RÉSEAU MOBILE À DOMICILE
55% + 13 points par rapport à 2016 des Français se connectent à domicile avec un **mobile**, une **tablette** ou un **ordinateur** sur le **réseau mobile**

Source : Arcep.fr

Doc. d Les GAFAM et la bataille des câbles sous-marins

Longtemps chasse gardée des grands opérateurs télécoms nationaux, les câbles sous-marins intéressent de plus en plus les géants du Net, qui en ont besoin pour écouler l'important trafic émanant de leurs services. Pour rappel, les câbles sous-marins sont absolument essentiels au bon fonctionnement de l'internet mondial, puisqu'ils assurent environ 99 % des communications intercontinentales. Les GAFAM (Google-Amazon-Facebook et Microsoft) investissent massivement dans la mise en place de câbles sous-marins. Ainsi, Google est propriétaire de 14 câbles sous-marins dont la moitié entreront en service à partir de 2019.

Doc. e Une décision de la *Federal Communications Commission* (FCC) aux États-Unis

Le 14 décembre 2017, par trois voix pour deux contre, la FCC a voté l'enterrement du principe qui garantit un même traitement à toutes les données qui transitent dans les tuyaux des fournisseurs d'accès (L'*Open Internet Order*, mis en place par Barack Obama en 2015). Cette loi ne s'applique qu'aux États-Unis.

Cela signifie que ce sont les FAI américains qui doivent dorénavant investir pour améliorer la bande passante des réseaux et répondre ainsi au besoin d'accès des internautes et des fournisseurs de contenus. Les FAI pourront mettre en place des « voies rapides » qui favoriseront tel ou tel contenu.

Doc. f Des entreprises réticentes

De nombreuses entreprises, jusqu'alors silencieuses sur le sujet, ont exprimé leurs craintes des conséquences d'une telle déréglementation. Parmi ces nombreuses entreprises, Apple a exprimé officiellement son soutien à ce principe garantissant l'égalité de traitement de tous les flux sur le réseau des réseaux qu'est internet.

Les « *voies rapides payantes* » qui ne sont plus exclues par le gouvernement américain « *pourraient créer des barrières d'entrée artificielles pour de nouveaux services en ligne, rendant plus difficile pour les innovations du futur de rencontrer le succès* », écrit Cynthia Hogan, Vice Président d'Apple responsable de la politique publique, dans une lettre adressée à la Federal Communications Commission.

Doc. g Un cadre réglementaire européen à la neutralité du net

Le principe de la neutralité d'internet est désormais inscrit dans le droit français (Loi n° 2016-1321), après son adoption au niveau européen par le règlement du 25 novembre 2015 sur l'accès à un internet ouvert. Le principe interdit aux fournisseurs d'accès à internet de discriminer l'accès au réseau en fonction des services. L'Autorité de régulation des communications électroniques et des postes (ARCEP) sera le gardien de ce principe afin que la liberté d'internet soit garantie.

Activités

ITINÉRAIRE 1

À l'aide de ces documents et de recherches sur internet, développer un argumentaire à propos des garanties que peut apporter la neutralité du Net dans notre société.

ITINÉRAIRE 2

À l'aide de ces documents et de recherches sur internet, développer un argumentaire à propos des intérêts pour un FAI de privilégier certains accès.

Conclusion

Réaliser une présentation orale alternée des travaux de chacun des deux groupes d'élèves, en soulignant les arguments les plus convaincants.

LE MAG' DES SNT

Le radiotélescope d'Arecibo, observatoire situé sur la côte nord de l'île de Porto Rico et exploité par l'université Cornell

👁 Grand angle

La recherche d'intelligence extra-terrestre est quelque chose de très sérieux. Des scientifiques cherchent à détecter la présence de civilisations extra-terrestres dans d'autres systèmes planétaires depuis les années 60. L'ensemble de ces projets est regroupé dans le programme SETI : *Search for Extra-Terrestrial Intelligence*. L'analyse des signaux recueillis par les radio-télescopes nécessite une énorme puissance de calcul. Il faut donc des ordinateurs très puissants.

À la fin des années 1990, grâce au développement d'internet, des chercheurs de Berkeley ont mis au point un logiciel de **calcul distribué** grand public : SETI@home. Toute personne volontaire peut télécharger un petit logiciel qui tourne en tâche de fond sur son ordinateur personnel, pour analyser une petite partie des données envoyées par l'université via internet.

> **Du pair-à-pair aux vies extraterrestres**

Les résultats de ces analyses sont transmis directement au serveur. C'est le début du calcul partagé grand public : grâce à internet, des machines à distance peuvent effectuer des calculs et renvoyer les résultats. De nos jours, vous pouvez toujours participer au projet SETI, ou aider d'autres recherches scientifiques, grâce à BOINC : Berkeley Open Infrastructure for Network Computing.

Le calcul distribué a aussi l'atout de réduire l'impact environnemental. En effet, optimiser les recherches permet de diminuer la consommation d'énergie et de matériel.

VOIR !
Mr. Robot

Elliot, jeune programmeur ingénieur en cybersécurité le jour, est un pirate de haut vol, qui utilise ses talents pour contrer des injustices la nuit. Il se trouve à la croisée de deux mondes lorsqu'il est recruté par le mystérieux chef d'un groupe d'activistes, pour détruire la société qui le paie pourtant pour assurer sa propre sécurité. La série Mr. Robot amène à s'interroger sur les **opportunités et les dangers de la société numérique**, en mettant en scène de manière très réaliste des technologies de piratage de réseaux.

ET DEMAIN ?

Grâce à un réseau internet toujours plus performant et toujours plus rapide, l'ordinateur de demain est celui qui peut s'ouvrir depuis n'importe où. Nul besoin de se soucier d'obsolescence matérielle : il suffit d'accéder à un calculateur puissant à distance, c'est le « PC dans le cloud ». La startup française Blade a été un des fers de lance de ce fonctionnement en proposant « Shadow », une solution à distance dédiée au gaming. Elle pouvait se vanter d'une très nette avance sur la concurrence internationale en 2018, en permettant ainsi de jouer à des jeux très récents et gourmands en ressources sur un ordinateur standard. Ce système permet aussi d'utiliser son « ordinateur » à n'importe quel moment, où que l'on se trouve dans le monde, et cela sans aucune maintenance.

> **Un ordinateur puissant, accessible tout le temps et partout**

D'autres constructeurs suivent le mouvement, et Orange s'apprête à lancer une solution concurrente, plus généraliste, en 2019 : sa « Clé TV » pourra à terme permettre d'accéder à un PC virtuel à distance, y compris depuis un simple smartphone.

MÉTIER — ADMINISTRATRICE SYSTÈME

Corentine vous parle de son métier

« Mon métier consiste à la mise en place, la configuration, l'optimisation, l'exploitation et l'évolution des plateformes. L'objectif est d'avoir un service opérationnel avec le moins d'interruptions possible. Une partie de mon travail consiste à m'occuper de l'infrastructure Linux : interventions aux Datacenter, pour l'installation, le renouvellement d'équipement ainsi que la résolution d'incidents informatiques qui nécessitent une présence physique sur place.

Ce qui me plaît, c'est la diversité technique des tâches qui me sont confiées ainsi que la recherche de solutions informatiques pour des problèmes peu courants ou des besoins spécifiques. Je vois cela comme un challenge à relever.

À côté d'un bon niveau en informatique, on attend de nous une grande rigueur scientifique et beaucoup d'organisation. »

Source : Net4all.ch

En bref

1

PEUT-ON ÉTEINDRE INTERNET ?

Pour éteindre internet, il faudrait entre autres couper tous les câbles sous-marins qui traversent la planète, ce qui semble difficile. Toutefois, sans vraiment l'éteindre totalement, de nombreux autres dangers peuvent impacter grandement l'accès au réseau : catastrophe naturelle, piratage informatique, incendie d'un centre de données, décision politique, tempête solaire et bien d'autres encore !

2

LES ROBOTS SURFENT

L'être humain ne génère qu'environ 49 % du trafic sur internet : ce sont donc les robots qui surfent plus que les humains. Il faut distinguer les bons robots (qui s'assurent par exemple du bon fonctionnement des sites internet) et les robots malveillants qui, entre autres, volent des contenus. C'est pourquoi il est souvent demandé de confirmer en page d'accueil de nombreuses applications que l'internaute est bien un être humain, grâce à de petits tests à valider ou reCAPTCHA.

BILAN

Les notions à retenir

DONNÉES ET INFORMATIONS

Sur internet les contenus et les adresses des utilisateurs sont regroupées en paquets de taille fixe. Les adresses sont numériques et hiérarchiques. Le système DNS (*Domain Name System*) transforme les adresses symboliques en adresses numériques.

ALGORITHMES + PROGRAMMES

Le principal algorithme d'internet est le routage des paquets. Chaque paquet transite par une série de routeurs.
Le protocole TCP fiabilise la communication. Cependant, ni internet ni TCP ne possèdent de garantie temporelle d'arrivée des paquets.

MACHINES

Internet fonctionne grâce à des routeurs liés par diverses lignes de communication (fibres optiques, réseaux de téléphonie mobile et réseaux locaux). Le protocole de communication TCP/IP est quant à lui implanté dans tous les postes connectés.
Dans les réseaux pair-à-pair, chaque ordinateur sert à la fois d'émetteur et de récepteur des informations.

IMPACTS SUR LES PRATIQUES HUMAINES

Internet s'accompagne d'une évolution technologique permanente et son trafic prévu pour 2021 est de 3300 milliards de milliards d'octets. Il n'offre aucune garantie temporelle sur l'arrivée des paquets et reste vulnérable aux attaques par déni de service.
La neutralité du Net garantit l'accès égal à tous mais elle est remise constamment en cause par les Fournisseurs d'Accès à Internet pour des motifs économiques.

Les mots-clés

- Protocole
- Paquet
- Adresse IP
- Protocole TCP/IP
- DNS
- Routeur

LES CAPACITÉS À MAÎTRISER

▷ Distinguer le rôle des protocoles IP et TCP.

▷ Caractériser les principes du routage et ses limites.

▷ Distinguer la fiabilité de transmission et l'absence de garantie temporelle.

▷ Décrire l'intérêt des réseaux pair-à-pair.

▷ Caractériser quelques types de réseaux physiques.

▷ Caractériser l'ordre de grandeur du trafic de données sur internet et son évolution.

L'essentiel en image

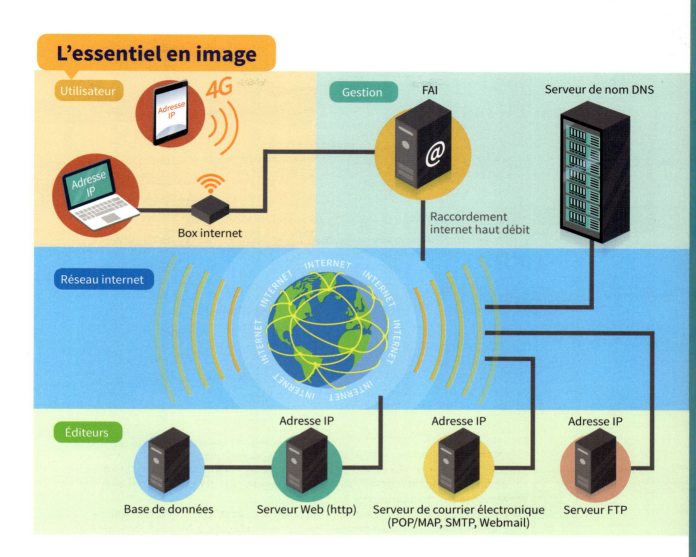

Des comportements RESPONSABLES

Réguler sa consommation d'internet
Regarder un film en basse définition consomme quatre à dix fois moins d'énergie qu'un visionnage du même film en haute qualité graphique.

Réduire au maximum les mails inutiles, ainsi que les mises en copie qui ne sont pas indispensables
Pour un mail simple, on estime en moyenne qu'il y a émission de 4 g de CO_2 dans l'atmosphère.

Installer un logiciel anti-spam et favoriser l'utilisation de sites sécurisés.
Sur tout objet connecté, il faut se protéger des logiciels malveillants.

EXERCICES

Se tester

• VRAI OU FAUX •

1. Internet est la contraction de « *Inter-netware* ».
2. Ipv4 est un format d'adresse IP.
3. Le codage d'une adresse sur 32 bits autorise 2^{32} adresses.
4. Le DNS joue un rôle d'annuaire.

• RELIER •

5. Relier les services à leurs fonctions :

- est une messagerie instantanée.
- permet de transmettre des photographies.

Snapchat •
- permet des échanges en ligne.
- permet de lire ses courriels.

Thunderbird •
- peut être utilisé sur une tablette.
- échange avec un serveur.
- permet d'envoyer des messages anonymes.

6. Parmi les adresses mail suivantes, lesquelles ne sont pas valides ?
marcomorane@gmail.com ;
jean.marc@yahoo.fr ; jean23@orange.fr ;
amédée@hotmail.fr ; (cmoi)bigboss@sfr.fr

7. Parmi les adresses IP suivantes, lesquelles sont valides ?
1.0.0.1 ; 245.0.545.245 ; 1.245.3.4 ; d.1.2.45.3.4

8. Compléter le texte avec les mots suivants : n'importe – internet – IMAP.
Le protocole … est particulièrement utile à toutes les personnes qui se déplacent souvent et qui désirent consulter leur messagerie depuis … quel ordinateur connecté à … .

9. Chercher l'intrus dans les listes de mots suivantes :
– Napster, bitTorrent, BOINC, Gnutella, eDonkey2000, eMule.
– POP, serveur de messagerie, IMAP, IP, SMTP.

 Plusieurs réponses possibles.

10. Qu'est-ce que l'adresse MAC ?
a. L'adresse d'une machine.
b. L'adresse d'une souris.
c. L'adresse d'une carte réseau.
d. L'adresse d'un clavier d'ordinateur.

11. Quelle information trouve-t-on en premier dans une trame Ethernet ?
a. L'adresse IP de destination.
b. L'adresse MAC de destination.
c. L'adresse MAC de la source.
d. L'adresse IP de la source.

12. Le pair-à-pair est :
a. un échange de données entre un serveur et des clients ;
b. un échange de données entre divers ordinateurs connectés ensemble ;
c. un échange de vêtements dans une bourse aux vêtements ;
d. un échange de paquets de données obligatoirement envoyés deux par deux.

13. Quels sont les matériels qui permettent de se connecter à internet ?
a. Un modem.
b. Une imprimante.
c. Un routeur.
d. Une box d'un FAI.

14. Le protocole SMTP :
a. peut être remplacé par le protocole POP ;
b. est utilisé pour les transmissions entre serveurs ;
c. est un protocole « sortant » ;
d. impose l'utilisation d'un Webmail.

15. IP :
a. est l'acronyme d'Internet Protocol ;
b. est un protocole utilisé exclusivement pour la messagerie ;
c. identifie de manière unique un ordinateur sur le réseau internet ;
d. 212.14.0.325 est une adresse IP possible.

16. Un nom de domaine c'est :
a. ce que vous tapez dans la barre d'adresse d'un navigateur ;
b. l'adresse d'une belle demeure ;
c. l'autre nom d'une page Web ;
d. ce que le DNS traduit en adresse IP.

Corrigés p. 202

Exercice guidé

17. Utilitaires TCP/IP

Dans cet exercice, vous allez utiliser l'utilitaire Ping pour vérifier la configuration TCP/IP, puis l'utilitaire Hostname pour identifier le nom de votre ordinateur. Vous utiliserez ensuite l'utilitaire Ping pour tester la connexion avec votre voisin afin de vous assurer que vous pouvez communiquer avec un autre ordinateur du réseau.

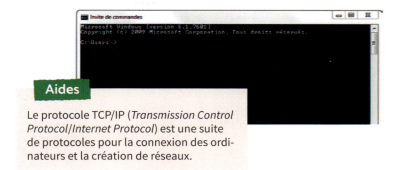

Aides

Le protocole TCP/IP (*Transmission Control Protocol/Internet Protocol*) est une suite de protocoles pour la connexion des ordinateurs et la création de réseaux.

1. Dans la fenêtre « invite de commande » de Windows (accessible dans la rubrique accessoires) :
– Taper la commande « ping 127.0.0.1 ». Combien de paquets ont-ils été envoyés, reçus et perdus ? Le protocole TCP/IP fonctionne-t-il correctement ?
– Taper la commande « hostname ». Quel est le nom de votre ordinateur ?
– Taper : « *ping nom_de _votre_ordinateur* » dans la fenêtre invite de commandes. Quelle est l'adresse IP de votre ordinateur ?

2. Utiliser l'utilitaire Ping avec le nom de l'ordinateur de votre voisin pour vérifier que votre ordinateur peut communiquer avec un ordinateur du réseau. Quelle est l'adresse IP de l'ordinateur de votre voisin ? Comment savez-vous que vous pouvez communiquer avec l'ordinateur de votre voisin ?

3. Via le panneau de configuration de votre ordinateur, rechercher la ou les adresses des serveurs DNS enregistrées. Tenter de vous connecter à cette adresse avec votre navigateur et interpréter la page qui s'affiche.

Relier sur document

18. Service de messagerie

▶ À partir de l'image ci-dessous, reconstituer le cheminement d'un mail en reliant les chiffres du schéma à leur description.

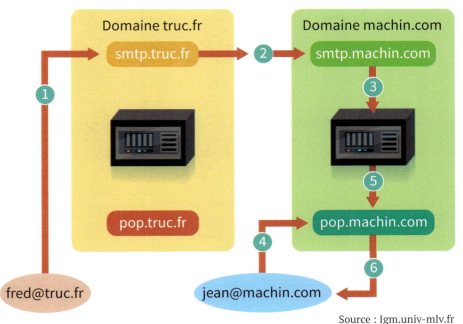

Source : Igm.univ-mlv.fr

a. Le serveur pop envoie ses mails au logiciel de messagerie de Jean.
b. Jean utilise son logiciel de messagerie pour vérifier s'il a de nouveaux mails.
c. Le logiciel du serveur de domaine machin.com sollicite le serveur pop.
d. Le mail de Fred est dans l'espace mémoire accordé aux mails de Jean sur le serveur.
e. smtp.truc.fr transfère le mail.
f. Le logiciel de Fred contacte le serveur smtp du domaine truc.fr

EXERCICES

S'entraîner

19. Un réseau

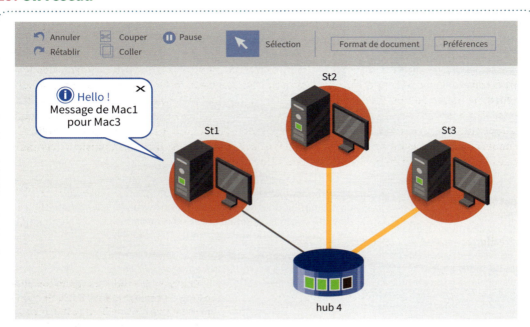

Le réseau ci-dessus contient les adresses suivantes :

Station	St1	St2	St3
Adresse MAC	Mac1	Mac2	Mac3

1. La trame Ethernet « Hello » émise par la station 1 est à destination de quelle station ?

2. Par quelle adresse commence cette trame Ethernet ?

3. Le message est bien transmis à la bonne station, mais également à l'autre (qui ne le lit pas). Pourquoi ?

4. Comment faire pour que seule la station de destination reçoive le message ?

20. Avantages et inconvénients des échanges pair-à-pair

Les réseaux d'échanges pair-à-pair sont très utiles, mais ils n'ont pas que des avantages. L'anonymat étant roi sur internet, les comportements peuvent parfois être malveillants : circulation de virus, freeloading, pollution des réseaux, entre autres.

1. Donner quelques exemples d'utilisations des réseaux d'échanges pair-à-pair, ainsi que les avantages et intérêts d'utiliser ce type de réseau.

2. Chercher la signification du terme « freeloading ». À quel comportement cela correspond-il ?

3. Qu'appelle-t-on « pollution des réseaux » dans le cadre des échanges pair-à-pair ?

4. Citer deux autres exemples d'inconvénients des échanges pair-à-pair.

5. Faire une recherche sur les risques légaux encourus en cas de mauvaise utilisation des réseaux pair-à-pair. Illustrer par l'exemple de Napster, pionnier historique du réseau pair-à-pair.

21. Internet et les câbles sous-marins

Doc. a La course à la fibre

Google n'hésite pas à casser sa tirelire pour sécuriser son énorme trafic internet à travers le monde. Après avoir annoncé, en janvier 2018, le déploiement d'un câble sous-marin privé, baptisé Curie, entre la côte Ouest des États-Unis et le Chili (opérationnel en 2019), le géant américain va tirer un nouveau câble, partant de Virginia Beach, sur la côte Est des États-Unis, pour rejoindre « la côte Atlantique française ». Son nom ? Dunant, « en hommage à Henri Dunant, le fondateur de la Croix-Rouge ». Le câble, d'une durée de vie de 15 à 25 ans, fera 6 400 km de long et aura une masse de 4 500 tonnes. Il est équipé de répéteurs placés tous les 100 km, pour amplifier le signal et éviter les pertes. Il coûtera plusieurs centaines de millions de dollars.

D'après Latribune.fr

Doc. b Aujourd'hui, les GAFAM réalisent 50 % des investissements des câbles sous-marins

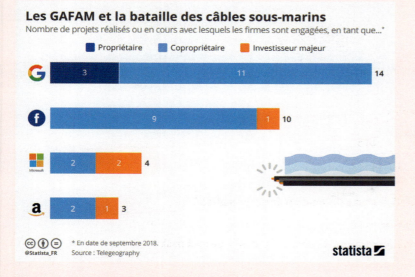

1. Combien de répéteurs seront installés le long du câble Dunant ? Sachant que la masse d'une baleine bleue est d'environ 140 tonnes, à combien de baleines bleues correspond la masse de ce câble ?

2. Pourquoi les GAFAM investissent-ils autant d'argent de nos jours dans les câbles ? On pourra s'aider d'une recherche internet.

3. Quelle pourrait être l'incidence sur la neutralité du Net si de plus en plus d'opérateurs privés décidaient d'avoir des câbles privés ?

Doc. c Installation d'un câble sous-marin

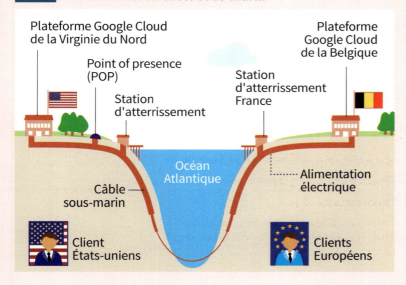

THÈME 2 — Le Web

En 1989 naissait le Web, cette immense toile reliant l'information du monde et ses accès. Si son principal créateur, Tim Berners-Lee, reconnaît que la moitié de la population mondiale est connectée pour en tirer le meilleur parti, il regrette que le Web soit devenu le lieu de la désinformation. Pour garantir l'avenir du Web, il est important d'en comprendre les principes.

Partager et accéder à une information infinie

Doc. a Le Web, une application d'internet

194 milliards

C'est le nombre d'applications qui ont été téléchargées en 2018 dans le monde, soit 6 000 par seconde. En valeur, cela représente plus de 101 milliards de dollars dépensés sur les différents stores d'applications.

Source : Mobilemarketing.fr

Vidéo-débat

Doc. b Théories du complot

▶ Pourquoi la théorie du complot séduit-elle autant ? Comment s'installent ces croyances ?

Doc. c L'araignée tisse sa Toile

▶ Quelle est la contrepartie de la démocratisation et des évolutions du Web pour l'internaute ?

> Le Web (ou Toile) est un ensemble de ressources numériques reliées et accessibles par des liens cliquables, sur internet. À partir des années 2000, le Web « social » avec l'apparition de sites sociaux comme Facebook, Twitter, YouTube ou Flickr, permet le partage en tout genre.
>
> Aujourd'hui le Web continue de se développer en devenant immersif et en interagissant avec le réel. Ainsi, les accès au Web se diversifient et se joignent à tout type de terminal (lecteur mp3, tablette, smartphone, montre connectée, etc.). Ces données collectées alimentent des bases de données dont l'exploitation et le traitement présentent un enjeu économique majeur.
>
> Le Web démocratise les voix de l'information en se calquant sur le phénomène de mondialisation. Il gomme les frontières, mais reste tout de même façonné selon les lois et particularités des pays. Ceux qui créent le Web le font à leur image.

Ted Nelson travaille au CERN et invente le concept d'« hypertexte »

1965

1993

Ouverture au domaine public de Mosaic, le premier navigateur

Création du consortium World Wide Web qui vise à uniformiser les standards du Web

1994

W3C

Standardisation des pages internet grâce au Document Object Model

2001

2002

Naissance de Firefox dont l'ancêtre était Netscape (héritier de Mosaic)

2010

Mise à disposition de technologies pour le développement d'applications sur mobiles

UNITÉ 1 — Le fonctionnement du Web

Internet offre de nombreuses possibilités, comme le partage de fichiers, la messagerie et la téléphonie. Le World Wide Web (« Web » ou « toile à échelle mondiale ») en est l'une des principales applications. L'internaute accède aux ressources en naviguant sur les pages Web les hébergeant.

▶ **Comment accéder et naviguer sur le Web ?**

Doc. a — Les liens hypertextes

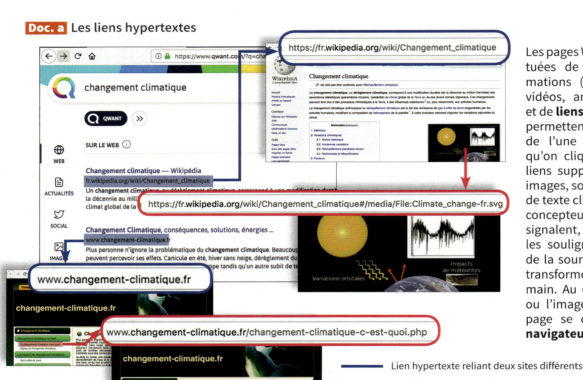

Les pages Web sont constituées de diverses informations (textes, images, vidéos, animations, etc.) et de **liens hypertexte** qui permettent de naviguer de l'une à l'autre lorsqu'on clique dessus. Ces liens supportent soit des images, soit des morceaux de texte cliquables que les concepteurs de pages Web signalent, par exemple, en les soulignant. Au survol de la souris, le curseur se transforme en une petite main. Au clic sur le texte ou l'image, une nouvelle page se charge dans le **navigateur**.

— Lien hypertexte reliant deux sites différents
— Lien hypertexte reliant deux pages d'un même site

Doc. b — Le protocole de communication HTTP

Pour s'afficher dans le navigateur, un document doit avoir fait l'objet d'une demande de la part de l'utilisateur (une **requête**) : demande auprès du serveur qui héberge ce document de le lui envoyer. C'est cette relation client-serveur que désigne le **protocole HTTP** (*HyperText Transfert Protocol*, « protocole de transfert hypertexte »).

Pour que cela soit possible, il faut que le document en question puisse être localisé sur le Word Wide Web par une adresse unique. Celle-ci indique son emplacement sur un ordinateur serveur, adresse à partir de laquelle le navigateur va pouvoir envoyer sa requête. On appelle cette adresse une **URL** ou « *Uniform Resource Locator* », expression anglaise pouvant se traduire par « localisateur universel de ressources ».

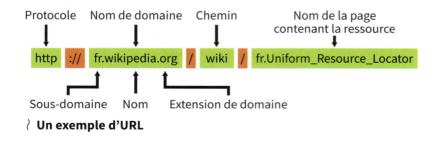

Un exemple d'URL

Point info !

À sa création, le Web était destiné aux chercheurs. Le but était de faciliter l'échange d'informations entre les membres de la communauté scientifique en utilisant internet.

Doc. c Les extensions de domaine

Les **extensions de domaine ou noms de domaine** de premier niveau se divisent en deux catégories : celles associées à un pays ou un territoire (« .fr » ou « .uk », par exemple) et les celles associées à des activités (« .edu » pour l'éducation, « .com » pour le commerce, par exemple).

	Extension de noms de domaine	Catégorie	Nombre de noms de domaine en janv. 2019	Évolution depuis 01/18 en %
1er	.com	Activité – Sites « commerciaux »	137 781 544	5,34
2e	.cn	Territoire - Chine	22 741 258	6,27
3e	.tk	Territoire - Tokelau	21 500 000	12,57
4e	.de	Territoire - Allemagne	16 204 745	− 0,67
5e	.net	Activité - sites « network »	13 679 758	− 8,80
6e	.co.uk et .uk	Territoire - Royaume-Uni	11 999 151	− 0,37
7e	.org	Activité - sites « organisation »	10 172 458	− 1,24
8e	.nl	Territoire - Pays-Bas	5 843 964	0,79
9e	.ru	Territoire - Russie	5 788 165	8,10
10e	.info	Activité - sites d'« information »	4 724 406	− 21,26

Le top 10 des extensions de domaine, classement 2019
Source : Solidnames.fr

Doc. d Les noms de domaine

Sur le Web, un utilisateur ou une entreprise est libre de choisir le nom de domaine associé aux pages Web qu'il crée, sous réserve qu'il soit disponible. Ce choix est stratégique sur le plan de la communication car il est l'une des portes d'entrée de l'identité numérique.

Les noms de domaines ne peuvent pas être achetés à vie, mais loués sur une durée déterminée. Pour en louer un, les utilisateurs doivent se rapprocher de distributeurs agréés par l'**ICANN** (*Internet Corporation for Assigned Names and Numbers*), l'autorité de régulation d'internet.

Pour qu'une adresse soit accessible *via* son nom de domaine, ce dernier doit être enregistré dans deux DNS (Domain Name System) au minimum. Le DNS fait le lien entre le Web et internet.

Interface du site d'hébergement

Activités

1 **Doc. a** Quel est le rôle des liens hypertexte ? Quelle est la caractéristique commune des liens d'un même site Web ? Quels objets d'une page Web peuvent être supports d'un lien hypertexte ? Comment un utilisateur sait-il qu'un objet est support d'un lien hypertexte ?

2 **Doc. b** Que veut dire URL ? Quels en sont les quatre principaux éléments ?

3 **Doc. c** À quoi sert l'extension de domaine ? Il en existe deux types : lesquels ? Qui les administre ? Quelle est l'extension de nom de domaine la plus utilisée ?

4 **Doc. d** Qui choisit les noms de domaines ? Auprès de quelles sociétés ?

Conclusion

Pour quelles raisons un concepteur de site Web doit-il tenir compte des éléments décrits dans cette unité ?

UNITÉ 2 — Langages d'une page Web

L'accès au Web est rendu possible par l'existence des liens hypertexte entre les pages du Web et au protocole de communication HTTP. Mais pour être échangées à travers le monde, les pages doivent aussi utiliser des langages standardisés.

▶ **Quels sont les langages utilisés dans les pages Web ?**

Doc. a — Constituer une page Web

Depuis sa création en 1990, le langage informatique **HTML** (*HyperText Markup Language*) est utilisé pour créer des pages Web. C'est l'une des trois inventions issues du W3C avec le protocole HTTP et les adresses Web. Son acronyme signifie « langage de balisage d'hypertexte » car il permet en effet de réaliser de l'hypertexte à base d'une structure de balisage.

Le **CSS** – *Cascading Style Sheets* ou « feuille de styles en cascade » – s'est imposé dans les années 2000. Comme son nom l'indique, il permet de styler les textes d'une page Web : définir leur taille, leur couleur ou l'alignement d'un paragraphe. L'utilisation de feuilles de style au format CSS repose sur l'idée de séparation du contenu et de la mise en forme.

Doc. b — Les deux versants d'une page Web

⟨ La page HTML rédigée par un développeur   La page Web vue par l'utilisateur ⟩

Doc. c — Code source d'une page Web

Pour accéder au code source d'une page Web, il faut commencer par effectuer un clic droit sur la page. Dans le menu contextuel, il faut ensuite sélectionner la commande « Examiner l'élément » avec Firefox, « Inspecter » avec Chrome ou « Inspecter l'élément » avec Edge, par exemple.

⟨ Le code source décrit le balisage de chaque élément constituant la page

44

Doc. d Exécuter des actions dans les pages Web

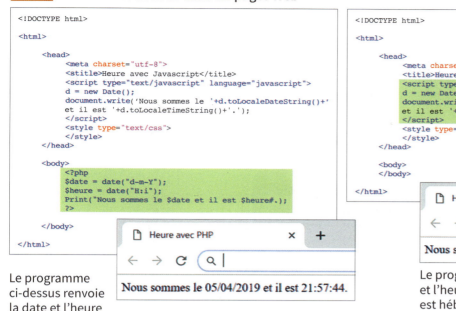

Le programme ci-dessus renvoie la date et l'heure locale du serveur. Si le serveur est hébergé au Japon, il renverra l'heure du Japon.

Le programme ci-dessus renvoie la date et l'heure locale du client. Si le serveur est hébergé au Japon, il renverra l'heure de l'ordinateur du client.

Point info !

Les deux langages JavaScript et PHP permettent d'exécuter des actions dans les pages Web demandées par l'internaute et les rendent dynamiques. Ces langages ont des bases différentes : JavaScript est un langage exécuté côté client (sauf Node.js) tandis que PHP est un langage exécuté côté serveur.

Doc. e Un Web unique et uniformisé

Le **W3C** ou World Wide Consortium est un organisme international à but non lucratif dont la mission première est de mettre en place et de certifier les standards du Web au fur et à mesure de l'évolution technologique (HTML, CSS, XML, JavaScript…), afin d'en uniformiser le contenu. Il met à disposition des outils de validation du code des pages HTML, des feuilles de styles et la validité des liens, ce qui permet d'optimiser le référencement des sites Web. Grâce au respect des règles qu'il impose, il permet l'affichage de manière uniforme d'un site Web sur n'importe quel support à jour.

Activités

1 **Docs a et b** Quels sont les trois éléments racines composant une page HTML ? Comment se nomme la balise permettant de créer un lien hypertexte ? Dans quelle section se situe-t-elle ? Comment se nomme la balise permettant de mettre un titre à un onglet de navigateur ? Dans quelle section se situe-t-elle ?

2 **Doc. c** Dans quel cadre de l'Inspecteur de code se situe le code HTML ? le CSS ?

3 **Doc. d** Quels sont les points communs et les différences entre les langages PHP et JavaScript : placement dans la page HTML, machine qui exécute le code, utilité ?

4 **Doc. e** Quelles sont les missions exercées par le W3C ?

Conclusion

En utilisant l'accessoire Windows Bloc-notes et en prenant exemple sur le doc. b, décrire une page Web présentant un fond jaune, un texte en gras, une liste à puces, une image et un lien. Vérifier la validité de vos codes HTML et CSS à l'aide des services en lignes dédiés doc. e.

UNITÉ 3 — Mécanisme des échanges sur le Web

Le Web offre une quantité considérable de ressources qui peuvent être échangées grâce au protocole HTTP. Celui-ci est à la base du fonctionnement du Web.

▶ **En quoi consiste le protocole HTTP et quel est son fonctionnement ?**

Le dialogue Web

Doc. a Fonctionnement du protocole HTTP

66 Parole d'expert

HTTP est un protocole de la « couche application » d'internet dont les données transitent *via* le protocole TCP. Il permet de récupérer des ressources telles que des documents HTML.

Le Web fonctionne sur le principe d'une architecture de type client-serveur/requête-réponse. Les clients et serveurs communiquent par l'échange de messages individuels. Ce type de structure permet de centraliser les ressources sur un même lieu et d'assurer leur accessibilité : l'administration, la sécurité, les pannes et l'évolution sont gérées au niveau du serveur. Si les liens pointant vers la ressource sont inactifs, il indique le message « *404 not found* ».

Le serveur est le maillon faible de la structure : en cas de panne ou de « piratage », les ressources ne sont plus disponibles. De plus, les coûts d'exploitation sont élevés : nécessité d'ordinateurs puissants et besoin élevé en bande passante.

Vocabulaire

▶ **Bande passante :** débit binaire ou quantité d'informations pouvant être transmises simultanément sur une voie de transmission.

Doc. b Sécurité dans le protocole HTTP

L'***HyperText Transfer Protocol Secure*** ou **HTTPS** est la version sécurisée de la connexion HTTP. Elle protège les données échangées en ne les rendant compréhensibles que par le destinataire, grâce au protocole TLS (Transport Layer Security) qui chiffre les données. Pour s'assurer que le serveur destinataire est bien celui qu'il prétend, le HTTPS authentifie la cible grâce aux certificats appelés communément « Certificats SSL (Secure Socket Layer) ».

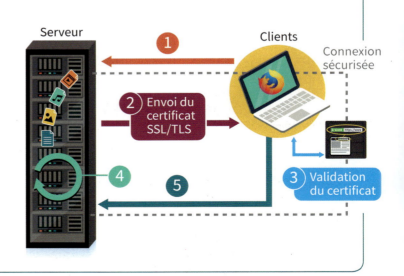

Le dialogue Web imbriqué

Doc. c Intégration d'une ressource externe dans une page Web

```html
<!DOCTYPE html>
<html>
    <head>
        <meta charset="utf-8">
        <title>Code iframe</title>
        <style type="texte/css">
        </style>
    </head>
    <body>
        <p>Exemple de code iframe</p>
        <br>

        <iframe
    width="560"
       heigt="315"
         src="https://www.youtube.com/embed/BURRD_nWJh0"
        </iframe>

        <br>
    </body>
</html>
```

Le code *iFrame* ou inline Frame est un document HTML qui sert à intégrer d'autres pages Web (source externe) dans une page Web. Des sites comme Youtube proposent des codes *iFrames* pour afficher directement les vidéos sur des sites Web tiers. Des régies publicitaires comme Google AdSense les proposent pour afficher des bannières publicitaires sur d'autres sites.

Doc. d Fonctionnement de l'iFrame

Une page Web complète pourra être construite à partir de différents sous-documents qui sont récupérés sur différents serveurs. Par exemple : du texte, des descriptions de mise en page, des images, des vidéos, des scripts et bien plus.

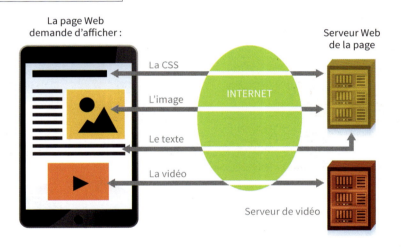

Activités

1. Docs a et b Décrire le processus permettant à un utilisateur d'accéder à une page Web *via* son adresse URL.

2. Doc. b Quel est l'intérêt d'utiliser le protocole HTTPS ? Pourquoi les certificats ne sont pas émis par le site Web hébergeant les pages demandées ?

3. Doc. b Décrire le processus permettant à un utilisateur d'accéder de manière sécurisée à une page Web.

4. Docs c et d Quels sont les trois éléments composant l'iframe présentée ? Que définissent-ils ? La ressource incluse dans l'iframe est-elle hébergée sur le même serveur que la page Web ?

Conclusion

En utilisant l'accessoire Bloc-notes et en prenant exemple sur le doc. c, décrire une page Web incluant une iframe vers une vidéo Youtube de l'Anssi consacrée à la sécurité sur internet. Indiquer les protocoles utilisés pour atteindre la page et la ressource iFrame.

UNITÉ 4
PROJET autonome

Les moteurs de recherche

Toutes les ressources hébergées sur les serveurs Web sont référencées grâce à leur URL. Elles sont accessibles grâce à des outils particuliers appelés moteurs de recherche.

OBJECTIF Qu'est-ce qu'un moteur de recherche et comment fonctionne-t-il ?

Le moteur de recherche côté développeur

Doc. a Recherche des ressources

Des « robots » ou « crawlers » (programmes informatiques) parcourent le Web et indexent les pages à partir des mots qu'elles contiennent et en lien avec leur adresse URL. Par exemple, l'index peut indiquer que le mot « Louvre » est utilisé sur les pages 10, 27 et 157. Cela permet de gagner du temps de réponse face à la requête du visiteur. Toutes les pages ne sont pas sauvegardées. Certaines pages provenant de sites illégaux sont tout simplement blacklistées.

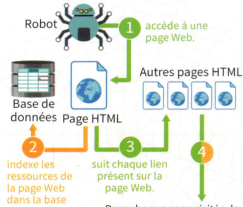

1. accède à une page Web.
2. indexe les ressources de la page Web dans la base de données.
3. suit chaque lien présent sur la page Web.
4. Pour chaque page visitée, le moteur de recherche indexe les ressources et suit les nouveaux liens. L'opération est répétée pour chaque page visitée.

Point info !

« Je ne suis pas un robot ! » Les captcha servent à différencier les robots et les humains dans le cas où les pages se feraient espionner par un logiciel malveillant. Ils servent aussi de « machine training » pour entraîner les algorithmes à reconnaître les images.

Doc. b Indexation des ressources

Une fois les données collectées par les robots, un algorithme va les classer en fonction de plusieurs critères, comme le nombre de liens pointant vers une page. Le principe de fonctionnement est fondé sur le fait que plus un site est cité par d'autres sites, plus il sera considéré comme pertinent et donc plus son score sera élevé. Un bon score garantit une place de choix au site dans la page des résultats, c'est le **référencement naturel**.

Pour calculer un score, l'algorithme :
1. part du principe que chaque site possède un « vote » égal à 1. Ce vote se répartit également sur le nombre de liens sortants (qui pointent vers d'autres sites) ;
2. additionne le score total de chaque site ;
3. fait un classement.

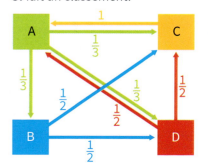

Le score du site A est de 2,5, celui du site B de 1,33, celui du site C de 2,33 et celui du site D de 1,83. On obtient donc le classement ou l'ordre d'affichage suivant :
site A – site C – site D – site B.

48

Le moteur de recherche côté utilisateur

Doc. c Accès aux ressources

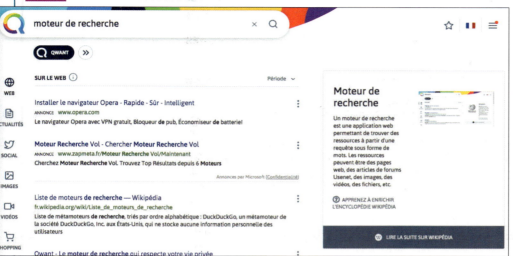

À chaque requête d'un internaute, le moteur de recherche renvoie une liste ordonnée d'adresses de sites Web que ses algorithmes ont jugé les plus pertinentes pour l'utilisateur ou les plus populaires. C'est ce qu'on appelle une liste de résultats.

Doc. d Le Web profond ou Web invisible

Toutes les pages Web, bien qu'accessibles avec un navigateur internet, ne sont pas référencées par les moteurs de recherche. Ces pages ont des particularités : elles sont dynamiques, protégées par un mot de passe et contiennent des ressources volumineuses, entre autres. Ces ressources non indexées par les moteurs de recherche composent le **Web profond** ou le **« Deep Web »** (96 % du Web). Le Dark Web en représente la partie illégale. Les ressources indexées, quant à elles, composent le **Web de surface**.

Point info !

Le moteur de recherche Google traite 1 milliard de requêtes chaque jour ! À l'heure actuelle, Google indexe près de 10^{12} pages, contre 10^9 en 2000. On est encore loin du 10^{100} : le fameux nombre « gogol » qui a inspiré son nom à la société. Google existe en 80 langues, y compris en Klingon, une langue qui existe uniquement dans la série télévisée *Star Trek* !

Activités

1 **Docs a et b** Comment améliorer le référencement d'un site Web ?

2 **Doc. c** Donner un nom aux autres zones structurant la page des résultats du moteur de recherche Qwant.

3 **Doc. d** Indiquer, pour chacun de ces deux moteurs de recherche, le nombre de résultats totaux et type de ressources proposées. Les résultats proposés sont-ils identiques ? Quels sont les points communs, les différences ?

4 **Doc. d** Après avoir effectué une même recherche (le *deep Web*) sur les moteurs de recherche suivants : Google, Qwant, Duckduckgo et worldwidescience, analyser les résultats proposés selon leur pertinence.

Pour aller + loin

▶ Créer votre propre moteur de recherche avec le langage Python.

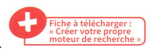
Fiche à télécharger : « Créer votre propre moteur de recherche »

UNITÉ 5 — Risques et sécurité sur le Web

La navigation sur le Web et l'utilisation de services en ligne répondent aux besoins multiples des internautes, mais peuvent néanmoins les confronter à certains risques.

▶ **Quels sont les risques rencontrés sur le Web et comment s'en préserver ?**

Confidentialité sur le navigateur

Doc. a — Historique d'un navigateur

Lorsque vous surfez sur le Web, les navigateurs enregistrent chronologiquement votre activité : sites visités, cookies, préférences, etc. Toutes ces informations, sauvegardées dans un fichier, composent l'historique. L'intérêt premier est de simplifier la navigation de l'utilisateur : retrouver un site qui a été consulté, garder en mémoire les mots de passe de sites visités fréquemment, pré-remplir les formulaires avec ses coordonnées personnelles, etc. Ces données restent cependant accessibles aux sites connectés.

Doc. b — Cookies publicitaires

Lorsqu'un utilisateur accède à certains sites Web, un témoin de connexion, appelé **cookie**, est stocké dans le navigateur de l'utilisateur. Les cookies fournissent, au service qui les dépose, des données concernant la navigation de l'utilisateur (sites visités, requêtes dans les moteurs de recherche, géolocalisation, adresse IP, etc.). Ils facilitent ainsi la navigation et/ou apportent des fonctionnalités supplémentaires comme la gestion de l'identification. Ils peuvent être utilisés pour présenter à l'utilisateur sur un site ou en dehors de celui-ci des publicités ciblées sur ses centres d'intérêt.

Source : blog.octave.biz

Lien 2.01 : une dataviz en temps réel du tracking de votre navigation avec Cookieviz (CNIL)

Cookies obligatoires
Ces cookies sont nécessaires pour fournir des fonctionnalités de base lorsque vous naviguez sur les sites Web IBM. Ces capacités comprennent les préférences des cookies, l'équilibrage des lignes, la gestion des sessions, la sélection de la langue et les processus de paiement.

Cookies fonctionnels
Ces cookies sont utilisés pour capturer et mémoriser les préférences des utilisateurs sur les sites Web IBM, améliorer leur facilité d'utilisation, analyser l'utilisation du site et permettre les interactions sociales et l'optimisation du site.

Cookies de personnalisation
Ces cookies sont utilisés pour améliorer l'expérience globale de votre visite sur les sites Web IBM et pour adapter le contenu et la publicité à vos centres d'intérêt.

Doc. c — Assurer sa sécurité grâce à la navigation privée

Exemple avec Google Chrome

Parole d'expert — La navigation privée ne rend pas invisible. Tant que le navigateur est sollicité pour visiter des sites, les cookies continuent d'être déposés et donc potentiellement de transmettre en temps réel des informations personnelles.
Il en est de même pour votre historique de navigation ou encore les mots de passe enregistrés qui ne s'effacent qu'une fois que votre navigateur aura été fermé. De plus, le fournisseur d'accès internet à l'obligation de garder les fichiers de connexion de votre navigation pendant une durée d'un an.

Programmes malveillants

Il existe plusieurs types de logiciels malveillants. Le **ransomware** ou rançongiciel prend en otage les données personnelles de l'utilisateur en les chiffrant et réclame de l'argent pour obtenir la clé de déchiffrement. Le **spyware** ou logiciel espion investit votre ordinateur incognito pour divulguer des informations sur son contenu.

Le **phishing** ou hameçonnage prend généralement la forme d'un mail copiant l'interface d'un service officiel, pour collecter des données permettant d'usurper l'identité de l'utilisateur grâce aux informations qu'il aura renseignées.

Doc. d Extensions malveillantes sous un navigateur

Un **plug-in** est une extension de navigateur est qui ajoute certaines capacités et fonctionnalités. En l'installant, le développeur peut modifier l'interface utilisateur, ajouter des fonctionnalités de service Web, comme bloquer des publicités ou traduire des pages. Tous les navigateurs proposent des centaines de ces mises à jour pour améliorer la productivité, la personnalisation, les achats, les jeux, etc.

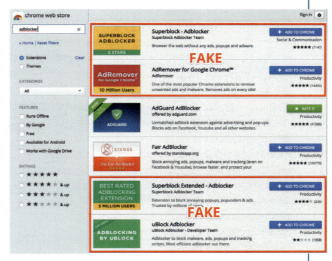

Le site AdGuard a repéré quatre fausses extensions de bloqueur de publicité. En utilisant des scripts cachés, ils peuvent récolter les données des utilisateurs durant leur navigation sur le site.

D'après Blogdumoderateur.com

Doc. e Le deni de service

Le 28 février 2018, la plateforme GitHub a subi une attaque par déni de service distribuée (DDOS) d'une rare violence. Après cela, il lui était impossible de traiter les demandes reçues ; elle a donc dû se mettre hors service.

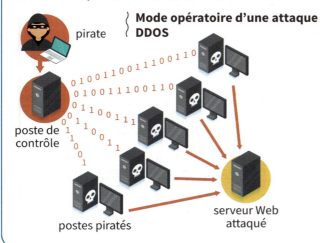

Activités

1. **Doc. a** Quel est le rôle de l'historique ? Quels éléments stocke-t-il ?

2. **Doc. b** Quels sont les différents types de cookies utilisés par les sites Web ? Quels sont ceux qui sont obligatoires pour le bon fonctionnement du site ? Quelles données peuvent être collectées par des cookies ?

3. **Doc. b** Qu'est-ce que la datviz ?

4. **Doc. c** Quelle solution peut être utilisée pour ne pas avoir d'historique dans son navigateur Web ? Permet-elle de naviguer anonymement sur le Web ?

5. **Docs d et e** Décrire le fonctionnement de ces deux cyberattaques. Quelle est la part de responsabilité de l'internaute ?

Conclusion

En prenant en compte les éléments de cette unité, décrire la manière dont un internaute peut sécuriser sa navigation sur le Web.

THÈME 2 | LE WEB | 51

UNITÉ 6 — Enjeux éthiques et sociétaux du Web

L'usage du Web tend à s'imposer dans tous nos réflexes quotidiens. Cela n'est pas sans conséquences pour chacune de nos personnalités et sur nos modes de sociabilité.

▶ **Quels sont les impacts de l'évolution du Web sur l'individu et sur la société ?**

Doc. a — Accès généralisé à la publication et à la diffusion

Le Web 2.0, ou **Web social** permet aux internautes de publier et d'interagir sur le Web avec d'autres internautes. Pour cela ils n'ont pas besoin de connaissances techniques, mais ils doivent s'inscrire et se connecter. Chacun peut à sa manière publier ce que bon lui semble pour le meilleur comme pour le pire.

Wikipédia est une encyclopédie collaborative très populaire. En janvier 2016, les 17 000 contributeurs francophones ont effectué environ 760 000 modifications sur Wikipédia. Mais souvent cible de **trolleurs** qui disséminent des erreurs. De nombreux employés traquent ces dissonances qui peuvent parfois avoir des conséquences néfastes sur l'image des personnes concernées par ces fausses affirmations.

Vocabulaire

▶ **« Troll »** : personne qui participe à un débat dans le but de nourrir artificiellement une polémique et de perturber l'équilibre de la communauté concernée.

Doc. b — Législation encadrant les publications sur le Web

La loi sur la liberté de la presse du 29 juillet 1881 indique les limites de la liberté d'expression. La loi de confiance dans l'économie numérique de 2002 oblige les sites à présenter des mentions légales. Les atteintes à la vie privée et au droit d'auteur sont aussi condamnables sur le Web.

Doc. c — Personnalisation de l'expérience utilisateur.

Le Web 3.0 ou **Web sémantique** est lié à l'essor des objets connectés et au développement de l'intelligence artificielle. Il permet une adaptation aux modes de pensée des utilisateurs et à l'intégration des objets connectés dans leur environnement. C'est l'avenir du Web.

1
- Il énonce un mot-clé à l'enceinte — *Action de l'utilisateur*
- Elle « se réveille » — *Action de l'enceinte*
- Elle est prête à répondre aux demandes
- Toutes les voix présentes dans la pièce peuvent-elles réveiller l'enceinte ? NON

2
- Il énonce sa demande
- Elle transforme la voix de l'utilisateur en requête Web
- Elle traite la requête pour trouver une réponse
- Elle transforme le texte de la réponse en voix
- Elle répond à l'utilisateur
- Le code de l'intelligence artificielle est-il ouvert ?
- Sur quels sites sont envoyées les requêtes ? Par qui sont-ils choisis ?

3
- Elle « s'éteint » automatiquement
- Comment peut-on être sûr que l'enceinte est éteinte ?

Organigramme de fonctionnement d'une enceinte connectée

Doc. d Comment retenir l'attention des internautes

L'offre de services numériques, médiatiques, télévisuels est devenue surabondante. Se démarquer devient plus difficile, c'est pourquoi on se focalise désormais sur la captation d'une ressource qui tend à devenir rare : l'attention des internautes. Le moteur Google présente plusieurs widgets pour attirer l'attention de l'utilisateur, comme les *Google doodles*.

L'*infinite scroll* est une fonctionnalité qui donne un aspect infini à la page. Des articles s'ajoutent à chaque fois que l'on descend sur la page, afin d'inciter l'internaute à chercher la suite.

Les **notifications « push »** sont des alertes sur les « smartphones » qui informent de l'arrivée d'une nouveauté.

Le *binge-watching* est le fait de regarder une série télévisée d'une seule traite. Comportement accentué par les services de streaming et de vidéo à la demande.

Doc. e 2019, les 30 ans de l'invention du Web

Tim Berners-Lee rappelle ses idéaux de l'époque : « Il y a 30 ans, j'avais imaginé le Web comme une plateforme ouverte qui permettrait à quiconque, partout, de partager des informations, d'accéder à des opportunités et de collaborer par-delà les frontières géographiques et culturelles ». Bien que le Web ait répondu à cette vision, trois tendances actuelles sont sources d'inquiétudes croissantes pour lui : la perte de contrôle sur nos données personnelles en échange d'accès gratuit à des services, la facilité de dissémination de la désinformation par des personnes malintentionnées et la transparence de la publicité politique en ligne pour influencer un électorat.
Au-delà de ce constat, il propose des pistes de développement pour permettre aux utilisateurs de maîtriser l'utilisation de leurs données. Il envisage d'ailleurs la création d'un « contrat Web » ambitionnant d'établir les principes d'une gouvernance en ligne pour assurer la véracité des informations sur le Web.

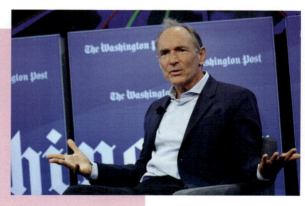

Tim Berners-Lee en entrevue avec le *Washington Post*

Activités

ITINÉRAIRE 1

À l'aide des documents et de recherches sur internet, développer un argumentaire à propos des bienfaits que peut apporter le développement du Web dans notre société.

ITINÉRAIRE 2

À l'aide des documents et de recherches sur internet, développer un argumentaire à propos des risques que peut apporter le développement du Web dans notre société.

Conclusion

Réaliser un débat oral contradictoire et argumenté entre le groupe d'élèves suivant l'itinéraire 1 et celui suivant l'itinéraire 2.

LE MAG' DES SNT

👁 Grand angle

Le « darknet » ou plutôt les « darknets » (internet clandestin) sont un ensemble de réseaux anonymes et chiffrés utilisant des protocoles de communication spécifiques. Ces réseaux sont souvent confondus avec le « Deep Web » (toile profonde) qui est la partie du Web non accessible *via* les moteurs de recherche. Les darknets permettent aux internautes de naviguer sur le Web sans laisser de trace.

Pour y accéder, il est nécessaire d'utiliser un logiciel spécifique, comme The Onion Router ou TOR pour le plus connu. Une fois installé, ce type de navigateur permet deux types de navigation : anonyme sur le Web traditionnel et l'accès au « darkweb », Web des réseaux utilisant des protocoles spécifiques (sites en .onion par exemple).

Les caractéristiques techniques des « darknets » (anonymat et chiffrement) font d'eux le lieu idéal des activités illégales. Ils permettent aussi, pour les opposants politiques, de s'exprimer publiquement et de contourner la censure, et pour les journalistes d'enquêter et de communiquer avec leurs sources en toute discrétion. Ils permettent enfin, à tout internaute, de faire le choix de ne pas laisser de trace sur internet.

En conclusion, les « darknets » ne sont pas bons ou mauvais par nature, ce sont seulement des dispositifs techniques. C'est l'usage qu'en font les internautes qui leur confère leur aspect légitime ou illicite.

> "
> **50 nuances de Web**

LIRE !
Millenium

Dans cette saga policière, Lisbet Salander est une hackeuse qui pénètre par effraction dans les systèmes et les réseaux informatiques. Sous le pseudonyme de « Wasp » (guêpe), elle est une figure légendaire dans la communauté internationale des hackers. Elle utilise ses talents pour gagner sa vie et aider le journaliste Mikael Blomkvist dans ses enquêtes. Agissant librement sur le Dark Web, Lisbet ne pourra pas se cacher longtemps. **Jouer avec le Web, c'est exposer sa vie réelle.**

ET DEMAIN ?

Garantir la pérennité du Web, c'est le développer tout en encadrant ses revers. Le concept de « Privacy by Design » est de garantir l'intégration de la protection de la vie privée dès la conception d'une nouvelle application, produit ou service. Concrètement, il oblige les entreprises et autres responsables du traitement des données personnelles à offrir à leurs utilisateurs ou clients le plus haut niveau possible de protection des données et de garantir, par défaut, le respect de la vie privée.

Prenons le cas des boutons de partage social présents sur la plupart des pages Web. Certains de ces boutons contiennent du code qui enregistre les visiteurs de la page et envoie les données au réseau social, même s'ils ne partagent pas la page en question. Si l'on veut respecter le principe du « Privacy by Design », les boutons de partage doivent, par défaut, être inactifs ; ils ne sont activés que si le visiteur les utilise pour partager la page.

> **Sauvegarder et réguler le Web**

À l'heure du Big Data, l'application de ce concept semble incompatible avec la collecte massive des données. Une étude luxembourgo-canadienne démontre que la mise en œuvre des trois principes suivants permettrait de garantir la protection des données personnelles sans freiner le développement du Big Data : la minimisation des données, la dépersonnalisation des données et l'utilisation de contrôles d'accès.

MÉTIER > DÉVELOPPEUSE

Priska vous parle de son métier

« Mon client voulait améliorer son application de vente en ligne pour y intégrer de nouvelles fonctionnalités. Nous avons établi ensemble un cahier des charges précis. Ensuite, avec le graphiste qui s'est occupé du design et de l'ergonomie, j'ai réalisé les programmes informatiques et j'ai défini les algorithmes de traitement des données répondant au besoin du client.

Ce que j'aime dans ce métier, ce sont ses côtés créatif et relationnel. Chaque client a un besoin différent que je dois comprendre et analyser pour y répondre. Le choix des solutions techniques adaptées à la future application est également un enjeu majeur qui m'oblige constamment à étudier les nouveautés en matière de codage. Lors de mon recrutement, j'avais mis en avant mon cursus scolaire orienté maths/informatique et mes qualités de rigueur et de bonne communicante. »

En bref

1
LE WEB A 30 ANS

Né le 12 mars 1989 et inventé par Tim Berners-Lee, le Web est aujourd'hui composé d'1,4 milliard de sites et compte 4,12 milliards d'internautes (dont 53 % se connectant *via* leur mobile). En France, il y a 53 millions d'internautes, dont 34 millions de mobinautes.

2
MOTEURS ALTERNATIFS

Qwant, DuckDuckGo, Ecosia, Lilo… Ces moteurs de recherche sont des alternatives à Google et ont pour spécificités de respecter la vie privée des internautes et/ou de s'inscrire dans des démarches écologiques et solidaires.

3
LOLCAT

Un lolcat est l'association d'une image (ou d'une vidéo) de chat et d'une phrase (ou d'un mot) à visée humoristique. Le lolcat « Charlie Schmidt's Keyboard Cat! » a été vu plus de 54 millions de fois sur Youtube !

BILAN

Les notions à retenir

DONNÉES ET INFORMATIONS

Les adresses URL (« Uniform Ressource Locator ») permettent de localiser les ressources (pages, images, vidéos, etc.) sur le Web. Ces adresses, uniques pour une ressource donnée, permettent d'y accéder et de les référencer. Pour naviguer entre les différentes ressources du Web, l'internaute utilise les liens hypertextes pour accéder à une ressource située à une autre adresse URL.

ALGORITHMES + PROGRAMMES

Un moteur de recherche permet d'indexer les ressources du Web. Pour une requête formulée, il propose une liste ordonnée d'adresses URL sélectionnées par son algorithme pour leur popularité et leur pertinente.
Les langages des pages Web, HTML et CSS, sont utilisés pour en décrire respectivement le fond et la forme. L'iFrame permet d'inclure une ressource externe dans une page Web.

MACHINES

Sur le Web les machines communiquent en utilisant les protocoles de dialogue HTTP (« *HyperText Transfer Protocol* ») ou son mode sécurisé HTTPS (« *HyperText Transfer Protocol Secure* »). Ces protocoles composent la « couche application » sur laquelle les données transitent *via* le protocole TCP. Ils permettent de récupérer des ressources telles que des documents HTML.

IMPACTS SUR LES PRATIQUES HUMAINES

L'évolution du Web a permis de démocratiser la publication des internautes et de personnaliser leur expérience utilisateur. Plusieurs défis sont encore à relever, comme la protection des données personnelles, la lutte contre les infox et les cyberattaques.

Les mots-clés

- **URL et lien hypertexte**
- **Langages HTML et CSS**
- **Client-serveur**
- **Moteur de recherche**
- **Navigateur**
- **Référencement naturel**
- **Indexation des ressources**
- **RGPD**

LES CAPACITÉS À MAÎTRISER

▸ **Connaître le principe de fonctionnement du Web et des moteurs de recherche**

▸ **Identifier les principaux éléments du paramétrage de son navigateur internet**

▸ **Comprendre les enjeux actuels du Web**

▸ **Comprendre les enjeux de la publication d'informations**

L'essentiel en image

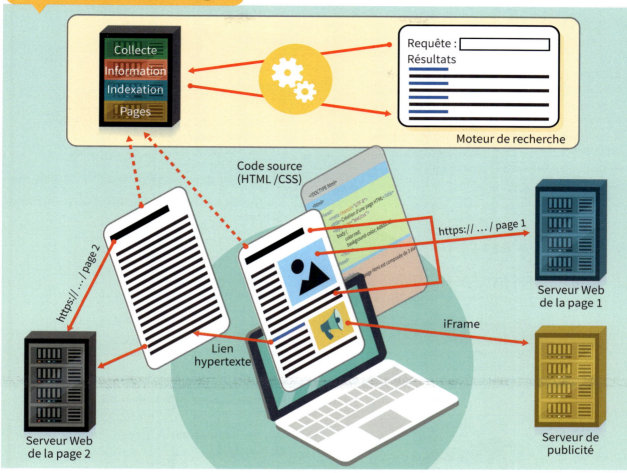

Des **comportements** RESPONSABLES

Respecter les lois relatives au Web
Le RGPD en définit le cadre européen.

Garder un esprit critique à l'égard des résultats fournis par un moteur de recherche
Comprendre le fonctionnement des moteurs de recherche permet de prendre du recul par rapport à l'information qui est sélectionnée pour nous.

Sécuriser sa navigation
La compréhension du fonctionnement du Web permet de lutter contre les cyberattaques et les infox.

EXERCICES

Se tester

• VRAI OU FAUX •

1. Le Web profond (ou Deep Web) est accessible avec un moteur de recherche.
2. Le Web 3.0 a permis de démocratiser la publication par les internautes.
3. La navigation privée permet de surfer anonymement sur le Web.
4. On ne peut pas accéder au Web à partir d'un smartphone.

• RELIER •

5. Associer chaque sigle à sa définition.

- URL
- HTTP
- CSS
- HTML
- W3C

- Langage décrivant le fond de la page Web
- Adresse d'une page Web
- Fondation gérant les spécifications techniques du Web
- Protocole de dialogue du Web
- Langage décrivant la mise en forme de la page Web

6. Chercher l'intrus dans chacune des listes de mots suivantes. Quel est le mot commun aux termes restants ?
a. Exploration, indexation, recherche, découverte.
b. Historique, connexion, mot de passe, cookie.
c. Délits de presse, mentions légales, accès au Web, droit d'auteur.
d. Safari, Edge, Mozilla, Opéra.
e. Mail, vidéo, page, audio.

7. Compléter le texte avec les mots de la liste :
Désinformation, données personnelles, l'échange, d'interagir, publication, Web, Web 2.0, Web 3.0.
Tim Berners-Lee a créé le … pour permettre … d'informations entre chercheurs. Depuis, grâce au …, la … des internautes s'est démocratisée. Le …, lui, a permis aux internautes … entre le Web et leur environnement. Ces avancées technologiques ne sont pas sans générer un questionnement éthique comme le contrôle des … et la dissémination de la … .

 **Plusieurs réponses possibles.**

8. En quelle année est né le Web ?
a. 1985.   **b.** 1989.   **c.** 2002.

9. Comment est assurée la sécurité d'une connexion à une page Web ?
a. Grâce à un certificat SSL.
b. Grâce au cryptage MD5.
c. Grâce à une identification par identifiant/mot de passe.

10. Quelle balise HTML permet d'écrire un texte en gras ?
a. <b> gras </b>.
b. <i> gras </i>.
c. <a> gras </a>.

11. Une iFrame permet :
a. d'installer un cookie dans le navigateur de l'internaute ;
b. d'insérer à une page une ressource hébergée sur un serveur Web différent ;
c. d'accéder à un site Web.

12. Le lien hypertexte :
a. réunit plusieurs ressources du Web sur une page ;
b. permet d'insérer un texte au survol d'une image ;
c. permet de naviguer d'une page à une autre.

13. Dans quelle partie du code se situe le titre de la page ?
a. Head.   **b.** Body.   **c.** HTML.

14. Que veut indiquer la balise <h1>…</h1> ?
a. texte en gras.
b. titre de niveau 1.
c. liste à puces.

• CHARADE •

Mon premier est le nom de l'intelligence artificielle du film *2001, Odyssée de l'espace*.

Mon deuxième vaut 10^9 octets.

Neo, dans la saga *Matrix*, subit plusieurs fois mon troisième pour être initié.

Mon quatrième est l'extension du nom de domaine rattaché au Monténégro.

Mon tout est utilisé par les moteurs de recherche pour personnaliser l'expérience utilisateur des internautes.

15. Qui suis-je ?

Corrigés p. 202

Exercice guidé

16. En tête de liste !

Estelle vient de créer un blog sur le pilotage de drone et souhaiterait que ses articles atteignent un large public. Pour cela, il faudrait que son blog soit bien référencé par Google. Pour maximiser son score, elle veut demander à l'un de ses quatre amis (représentés dans le réseau ci-contre) d'insérer sur son site un lien pointant vers son blog.

1. Pour chaque site, répartir le vote 1 sur tous les liens pointant vers d'autres sites.

2. Calculer le PageRank de chaque site des amis d'Estelle.

3. Choisir l'ami qui permettra à Estelle d'avoir le meilleur score.

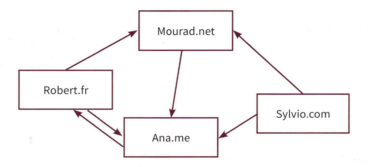

QCM sur documents

On s'intéresse au code source d'une page Web du site www.esa.int, proposé ci-dessous :

```
<!DOCTYPE html>

<html>

    <head>
        <meta charset="utf-8">
        <title>Hello France</title>
        <style type="texte/css">
        </style>
    </head>

    <body>
        <h1>Exemple de code iFrame</h1>
        <br>
        <img src="
        https://www.esa.int/var/esa/storage/images/
        esa_multimedia/images/2008/10/a_virtually_cloudless_
        western_europe/984154-3-eng-GB/A_virtually_cloudless_
        Western_Europe_large.jpg">
        <br>
    </body>

</html>
```

17. L'image insérée est hébergée :
a. par Google ;
b. par l'ESA ;
c. dans notre page Web.

18. La couleur du fond est :
a. gérée par le navigateur ;
b. blanche ;
c. noire.

19. En quel langage est rédigée cette page Web ?
a. CSS ;
b. HTML ;
c. HTTP.

20. La navigation sur la page Web sera :
a. sécurisée ;
b. non sécurisée ;
c. anonyme.

EXERCICES

S'entraîner

21. Développeur Web : mission 1

Noms de domaine envisagés	Disponibilité	Durée de disponibilité	Prix de la location
Fixetout.com	✓	1 an	19,90 €/an
	✗	5 ans	17,90 €/an
Fixetout.paris	✓	1 an	49,90 €/an
Fixetout.eu	✗	1 an	19,90 €/an
	✓	5 ans	17,90 €/an
Fixetout.fr	✗	1 an	9,90 €/an
	✗	5 ans	7,90 €/an

▶ L'entreprise Fixetout fait commerce de matériel de visserie industrielle. Elle souhaite être présente sur internet pour présenter et vendre ses produits. Pour cela, elle vous a embauché pour créer son site Web.

1. Au regard de l'activité de l'entreprise Fixetout et à partir des choix disponibles dans le tableau ci-contre, choisir le nom et l'extension du nom de domaine de l'entreprise sur le Web.

2. Quel en sera le coût pour un an ? pour cinq ans ?

22. Développeur Web : mission 2

▶ Maintenant que le nom de domaine de l'entreprise est créé, Fixetout souhaite créer concrètement la page de présentation. Le chef d'entreprise vous propose le croquis suivant. Décrire, en HTML/CSS, la page Web correspondant à ce croquis.

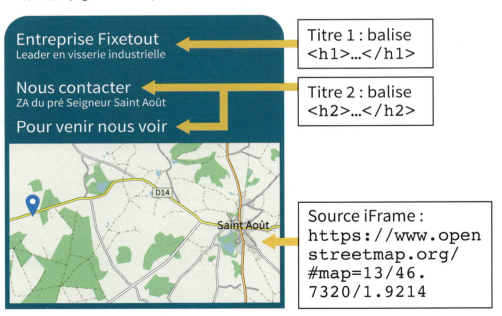

23. Développeur Web : mission 3

Dans l'avenir, l'entreprise souhaite vendre en ligne ses produits sans risque de piratage. Pour cela, votre chef d'entreprise vous demande une note de dix lignes concernant la mise en sécurité des connexions entre le site Web de l'entreprise et les futurs acheteurs.

▶ À vous de jouer !

24. Analyse des cookies lors d'une navigation sur le Web

L'extension Lightbeam pour Firefox et le logiciel CookieViz permettent de visualiser, en temps réel, son parcours de navigation sur le Web. Il montre, sous forme d'un graphique les sites visités ainsi que les sites tiers qui sont en interaction. Après avoir vérifié que l'extension Lightbeam soit installée dans le navigateur Firefox ou en utilisant le logiciel CookieViz, dans un premier onglet, accéder au site du journal Le Monde https://www.lemonde.fr/ et dans un deuxième, au site du journal Libération https://www.liberation.fr/
Ouvrez l'extension Lightbeam ou cliquez sur l'onglet Graph de CookieViz.

1. Repérez visuellement les sites des deux journaux. Par quelle forme géométrique est-il représenté ?

2. Que représentent les triangles ? Quel est leur nombre.

3. Un triangle est commun aux deux sites. Nommez-le. À votre avis, à quoi sert-il ?

4. Ré-initialisez la visualisation en cliquant sur « Reset Data».
Passez en «navigation privée», accéder de nouveau aux deux sites et visualisez le résultat. Qu'en concluez-vous ?

25. Alerte Mozilla !

La Fondation Mozilla a émis un bulletin d'alerte concernant deux chevaux de Troie détectés dans les extensions pour Firefox : Sothink Web Video Downloader 4.0 et Master Filer. Les malware sont identifiés sous les noms de « Win32.LdPinch.gen » et « Win32.Ld.Bifrose.32.Bifrose ». Ils affectent les utilisateurs sous Windows uniquement.
Désinstaller les extensions ne suffit pas à supprimer ces logiciels malveillants, qui deviennent actifs à l'ouverture de Firefox ; il faut en plus recourir à un antivirus à jour.

1. À partir des documents, vérifier si votre navigateur est concerné ou non par le bulletin d'alerte émis par la Fondation Mozilla.

2. Si tel est le cas, identifier la menace puis décrire la procédure pour pallier le problème, à court et à long termes.

Doc. a

Comment utiliser les fonctions de protection contre l'hameçonnage et les logiciels malveillants ?

Ces fonctions sont activées par défaut, ainsi à moins que vos paramètres de sécurité n'aient été changés, vous les utilisez probablement déjà. Les options de protection contre l'hameçonnage et les logiciels malveillants peuvent être trouvées sur le panneau Vie privée et sécurité :

1. Cliquez sur le bouton de menu ≡ et sélectionnez Options
2. Cliquez sur le panneau Vie privée et sécurité
3. Dans la section Sécurité, cochez les cases correspondant aux paramètres listés ci-dessous pour les activer :

- **Bloquer les contenus dangereux ou trompeurs** : cochez cette case si vous souhaitez que Firefox bloque les logiciels malveillants potentiels ou les contenus qui vous incitent à télécharger des logiciels malveillants ou à donner de façon non-intentionnelle des informations. Vous pouvez également préciser vos choix en cochant ou décochant les options suivantes :
- **Bloquer les téléchargements dangereux** : bloque les virus potentiels et autres logiciels malveillants.
- **Me signaler la présence de logiciels indésirables ou peu communs** : vous avertit si vous êtes susceptible de téléchargerdes logiciels potentiellement indésirables ou des logiciels peu communs qui pourraient contenir un virus ou faire des changements non désirés sur votre ordinateur.

Doc. b

THÈME 3 — Les réseaux sociaux

Ces dernières années, les réseaux sociaux ont envahi notre quotidien et sont devenus le principal usage d'internet. Les bénéfices qu'ils apportent sont indéniables : sauvegarder les contacts, faciliter l'accès à l'information et à la publication. Cependant, des difficultés d'ordre éthique y sont également associées.

Des réseaux immatériels pour nous lier *irl* (*in real life*, dans la vraie vie)

Ce qui se passe CHAQUE MINUTE sur internet

Doc. a Les informations échangées sur internet

▶ À votre avis, quels types de données sont échangés sur les réseaux sociaux ? Pourquoi ces réseaux, parmi tous ceux d'internet, sont-ils catégorisés comme « sociaux » ?

Vidéo-débat

Doc. b Sur internet, ma vie est publique

▶ Selon vous, quelle portée peut avoir l'usurpation de vos informations personnelles ?
Pensez-vous que vos comptes sur les réseaux sociaux sont assez protégés ?

2,8 milliards

C'est le nombre d'utilisateurs actifs mensuels des réseaux sociaux dans le monde, en 2018. En France, il a atteint les 38 millions.

> Un réseau social est un ensemble de liens reliant des individus et des entités (entreprises, administrations, associations…) créant ainsi des groupes d'intérêt commun. Nous les connaissons et les utilisons massivement depuis l'apparition de Facebook, mais ils trouvent leurs origines dès le début d'internet avec des services comme les forums, les groupes de discussion et les salons de chat.
>
> Les applications sociales les plus utilisées sont détenues par des entreprises au lourd monopole. Dans le monde, on compte Facebook qui domine avec l'absorption de Messenger, Instagram et WhatsApp, et Youtube qui appartient à Google. Ces réseaux proposent régulièrement de nouvelles **fonctionnalités** pour maintenir l'attrait des utilisateurs qui ne se doutent pas toujours de leur vulnérabilité. En effet, les données personnelles associées à leur navigation sont l'objet d'un système économique puissant.

Doc. c Des réseaux influents et sociaux

▶ Quelles sont les nationalités des dix réseaux sociaux les plus utilisés ?

THÈME 3 | LES RÉSEAUX SOCIAUX

UNITÉ 1 — La diversité des réseaux sociaux

Les médias sociaux sont omniprésents dans notre vie quotidienne et font partie intégrante de nos habitudes de consommation. Nous les utilisons plusieurs fois par jour, au point de ne plus pouvoir nous en passer !

▶ **Pourquoi les réseaux sociaux ont-ils pris autant d'importance dans nos vies ?**

Caractériser un réseau social

Doc. a — Un réseau dit « social »

Parole d'expert

Selon Alexandre Coutant et Thomas Stenger (2009), c'est « ... un service Web qui permet aux individus de construire un **profil**, public ou non, de gérer une liste d'utilisateurs avec lesquels ils partagent un lien, de voir et naviguer sur leur liste de liens et sur ceux établis par les autres au sein du système. Les réseaux sociaux fondent leur attractivité sur ces points et non sur une activité particulière. »

Les réseaux sociaux combinent trois fonctions fondamentales :
– support de **l'identité numérique** ;
– moyen de **sociabilité** sur la base de critères d'affinité ;
– **média** de communication interpersonnelle et/ou intergroupe.

Doc. b — Typologique des réseaux sociaux par leurs usages

Source : SYSK, 2018

Doc. c — Qui sont les socionautes français ?

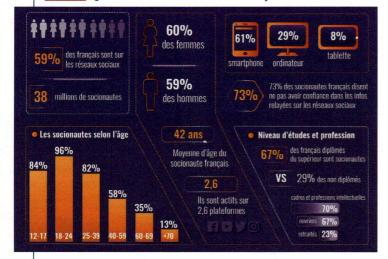

Source : LK Conseil, 2018

Doc. d — Étapes d'adhésion à un réseau social

1. Formulaire d'inscription
2. Mise en relation
3. Paramétrage du profil utilisateur
4. Acceptation des Conditions Générales d'Utilisation (CGU)
5. Partage et ajout de relations
6. Connexion avec des applications-tiers

Vocabulaire

▶ **Interface de navigation** : surface organisée pour permettre la navigation entre les divers éléments d'un site, d'un moteur ou d'une application.

Quelques réseaux sociaux

Doc. e Facebook, le plus grand réseau social dans le monde

Doc. f Linkedin, le réseautage au service des professionnels

Doc. g Instagram, le réseau social dédié à l'image !

Doc. h Behance, le coin des graphistes

Doc. i Twitter ou le microblogage

Activités

1 **Docs a à c** À partir des définitions, citer cinq réseaux sociaux que vous utilisez régulièrement. Pourquoi les utilisez-vous ? En référence au document c, définir votre profil d'utilisateur.

2 **Docs a à d** Recenser les différentes fonctions et fonctionnalités possibles des cinq réseaux sociaux choisis. Les classer.

3 **Docs b et c** À quel type d'usages correspondent les réseaux sociaux précédemment cités ?

4 **Docs d à i** Quels sont les points communs et les différences entre les réseaux sociaux présentés ? Trouver deux autres types de concept des réseaux sociaux.

5 **Docs e à i** Faire une recherche pour trouver le nombre d'abonnés de chacun de ces réseaux sociaux. Quel est le réseau le plus influent ?

Conclusion

Comparer les usages des utilisateurs aux spécificités des réseaux les plus connus.

Représentation d'un réseau social

Un réseau social est constitué d'un ensemble de relations entre entités : individus, groupes, entreprises, etc., regroupées au sein de communautés. Ainsi, la structure d'un réseau social peut être schématisée.

OBJECTIF Analyser un réseau social de manière graphique et numérique.

Représenter un réseau social : le graphe

Doc. a Un réseau social symbolisé

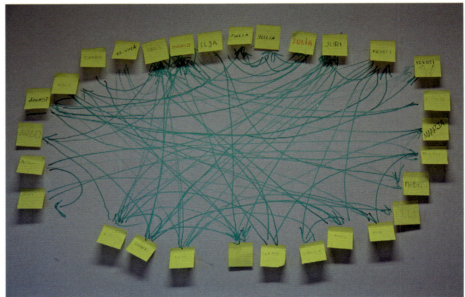

Source : Flickr.com

Vocabulaire

▶ **Graphe** : représentation symbolique des liens existant entre des entités.

▶ **Matrice d'adjacence** : représentation d'un graphe sous forme d'une matrice à deux dimensions, c'est-à-dire un tableau décrivant les liens (les arêtes) deux à deux entre les objets (sommets) du graphe.

Doc. b Notion de « graphe »

- Un **graphe** non orienté est défini par des sommets et des arêtes reliés entre eux sans indication de la direction du lien.
- Le **diamètre d'un graphe** est la distance maximale possible entre deux de ses sommets.
- Le **centre d'un graphe** est le sommet dont l'écartement est minimal.
- Le **rayon** est l'écartement entre le centre et le sommet le plus éloigné.

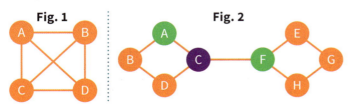

Différents graphes

Doc. c Informatique débranchée : construire un graphe social

Informations : soit un groupe d'amis A, B, C, D, E et F.
- A est ami avec B, C et D
- B est ami avec A et D
- C est ami avec A, E et D
- D est ami avec tous les autres abonnés
- E est ami avec C, D et F
- F est ami avec E et D

Protocole : à l'aide de carrés repositionnables (post-it®), de punaises et de ficelles, représenter le réseau social décrit ci-dessus.

Analyser un graphe : la matrice d'adjacence

Doc. d Notion de matrice d'adjacence

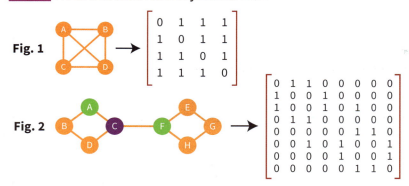

Doc. e Description et étude du réseau

Une matrice d'adjacence est un outil mathématique de description d'un graphe. Elle schématise, sous forme d'une matrice (tableau à deux dimensions), l'ensemble des liens qui relient les nœuds entre eux dans le but de calculer le trajet le plus court. Pour un graphe donné, la matrice d'adjacence associée est unique.

Doc. f Informatique débranchée : construire une matrice d'adjacence

Étape 1 : constituer un tableau à deux dimensions en plaçant les noms en en-têtes (en ligne et en colonne).

Étape 2 : lorsqu'un lien existe entre deux nœuds, écrire « 1 » dans la cellule correspondante du tableau ou la valeur 0, le cas échéant.

Sur cette matrice adjacente, on peut avoir un aperçu rapide des différentes communautés composant le réseau. Elle permet, grâce à des algorithmes, de réaliser des traitements informatisés.

Note : la matrice d'adjacence est symétrique par rapport à sa diagonale et n'est pas orientée.

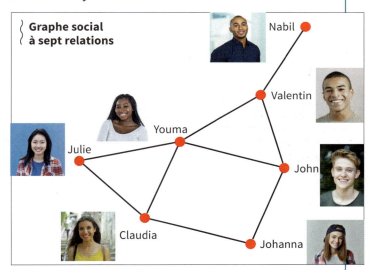

Graphe social à sept relations

Activités

1 Doc. a Que représentent les carrés repositionnables ? Comment les arêtes sont-elles représentées ?

2 Docs b et c Combien de nœuds et d'arêtes possèdent les graphes ? Quelles sont les caractéristiques des réseaux des fig. 1 et fig. 2 : diamètre, centre(s) et rayon(s) ?

3 Doc. b fig. 2 Quelle est la particularité de la liaison entre les sommets C et F ?

4 Doc. f Construire la matrice d'adjacence correspondante à l'exemple proposé en doc. f.

5 Docs d et e Sur les matrices, combien de fois apparaît le chiffre 1 ? Sur les graphes correspondants, combien de liens sont représentés ? Que peut-on en déduire ?

▶ Informatique branchée : compléter la matrice d'adjacence dans le script Python pour tracer le graphe correspondant à celui du doc. f.

UNITÉ 3 — Nature des réseaux sociaux

Pour leur étude, les réseaux sociaux peuvent être modélisés sous forme de graphe et de matrice d'adjacence. Ils traduisent ainsi l'état des relations sociales au sein d'un groupe.

▶ **Comment traduire les relations sociales au sein d'un réseau ?**

L'expérience historique du « petit monde » de Milgram

Doc. a Contexte de l'expérience

En 1967, le psychologue social Stanley Milgram pousse son étude des relations sociales plus loin avec une expérience. Cette dernière consistait à demander à un échantillon (supposé aléatoire) de 217 Américains du Nebraska de faire parvenir une lettre à un individu cible. Individu dont ils n'avaient pas l'adresse, mais sur lequel ils possédaient des informations : sa profession (courtier), son lieu de travail (Boston) entre autres.

Pour chaque participant, la règle était de ne transmettre la lettre qu'à une de ses connaissances propres qui la transmettait elle-même à une autre, susceptible de connaître quelqu'un étant en relation avec le destinataire final. L'objectif était de faire parvenir cette lettre avec le moins d'intermédiaires possibles.

Doc. b Exemple de parcours d'une lettre

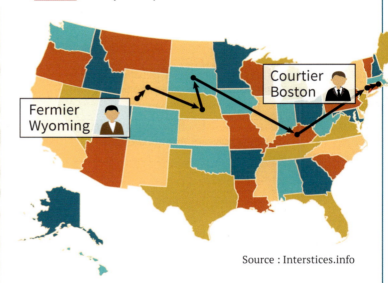

Source : Interstices.info

Doc. c Résultat de l'expérience

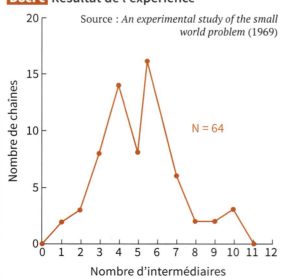

Source : *An experimental study of the small world problem* (1969)

N = 64

Doc. d Le « petit monde » selon Facebook

En novembre 2011, l'entreprise Facebook, en collaboration avec des chercheurs de l'Université de Milan, a publié les résultats de cette expérience appliquée à un échantillon de 721 millions de personnes, soit l'ensemble des utilisateurs de ce réseau sur quatre années.

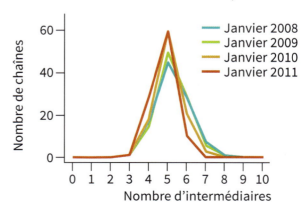

Réseaux sociaux et communautés

Doc. e Expérience vécue

Vous êtes au bord d'un terrain de sport et vous entamez une discussion avec une personne qui regarde le même match que vous. Cette personne vous parle d'un camarade de classe qui porte un prénom peu commun. Or, il se trouve qu'un voisin d'un de vos amis proches porte ce même prénom. Au cours de la discussion, vous vous apercevez qu'il s'agit de la même personne. Comme le monde est petit !
Dans cet exemple, le chemin utilisé pour cette mise en relation est de 3 : Vous ← Lien amical → Ami ← Lien de voisinage → Voisin de l'ami : la personne avec le nom peu commun ← Lien professionnel → Personne qui regarde le match avec vous.

Doc. f Graphe de l'expérience

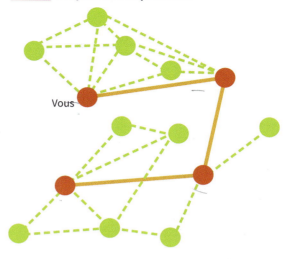

Doc. g Le phénomène des communautés

« Parole d'expert »

Selon le sociologue Pierre-Léonard Harvey, les communautés sont des « groupes plus ou moins grands de citoyens ayant des interactions fortes grâce à des systèmes télématiques (intermédias) à l'intérieur de frontières concrètes, symboliques ou imaginaires » et qui « partagent des codes, des croyances, des valeurs, une culture et des intérêts communs ». Leur cohésion se mesure grâce à la densité des liens qui les composent.

Doc. h La force des liens faibles

« Parole d'expert »

Selon le sociologue Mark Granovetter, « les liens faibles permettent de jeter des ponts locaux entre des individus, des communautés qui, autrement, resteraient isolés ». Leurs solidités permettent une cohésion sociale et sont efficaces pour faire circuler l'information entre des individus n'ayant pas forcément de points communs.

Activités

1 **Doc. b** Combien d'intermédiaires sont utilisés pour porter la lettre à son destinataire ?

2 **Docs a et c** Interpréter le graphique résultant de l'expérience de Milgram. Combien de lettres sont arrivées à destination ? Quelle est la moyenne du nombre d'intermédiaires utilisés pour transmettre la lettre ?

3 **Doc. d** Interpréter le graphique de l'expérience de Facebook. Quelle est la moyenne du nombre d'intermédiaires utilisés pour transmettre une information ?

4 **Docs c et d** Comparer l'allure des deux courbes. Que peut-on en conclure sur le réseautage *via* les réseaux sociaux ou traditionnels ?

5 **Docs e à h** Sur le doc. f, indiquer la composition des deux communautés présentes sur le graphique (noms des sommets et des liens).
Indiquer le lien faible permettant d'interconnecter les deux communautés.

6 **Docs e à h** Construire la matrice d'adjacence. Que montre-t-elle ?

Conclusion

Quelles caractéristiques des réseaux sociaux peut-on tirer de leur analyse ?

UNITÉ 4 — Modèles économiques des réseaux

Nous sommes très nombreux à utiliser les réseaux sociaux, dont la plupart proposent des services gratuits. Pourtant, leur conception puis leur fonctionnement génèrent des profits parfois considérables.

▶ **Comment les réseaux sociaux peuvent-ils générer des profits ?**

Gratuité des services et activité commerciale

Doc. a Les profits générés par les réseaux sociaux (en milliards de dollars)

2017	CA	Revenus publicitaires
Twitter	2,4	2,21
Facebook	40,6	39,9
Google+	109,7	79,8
Snapchat	0,825	0,774

Source : Statistat.com

Doc. b Comment Google (Alphabet) se rémunère-t-il ?

Parole d'expert

Google est l'un des meilleurs exemples de services gratuits très rentables. Alors que son moteur de recherche surpuissant, sa messagerie et ses cartes ne nous coûtent rien, comment fait-il pour gagner de l'argent ? La réponse tient en un mot : Adwords, c'est-à-dire la publicité qui tombe pile poil au bon moment.

Source : Florence Pinaud, #MaVieSousAlgorithmes

Doc. c Différents types de publicité en ligne

▶ **La publicité personnalisée**
Le modèle d'une paire de chaussure affiché sur votre réseau social ne sera pas le même si vous êtes un homme ou une femme, ou si vous êtes jeune ou plus âgé.

▶ **La publicité contextuelle**
Si vous êtes en train de rechercher des informations sur des lave-vaisselles, au même moment, des publicités concernant les lave-vaisselles s'affichent sur votre réseau social.

▶ **La publicité comportementale**
Sur une durée d'un mois, si vous avez partagé un article sur les eaux minérales, publié des commentaires sur les bienfaits des cures thermales et fait des recherches sur des produits bios, vous serez sollicité par des publicités diverses consacrées au bien-être et à la santé.

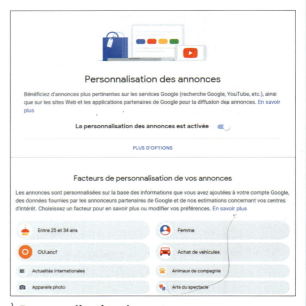

Personnalisation des annonces par un compte Google

Doc. d Le prix de l'attention

Parole d'expert

30 à 55 € de publicité par an, voilà ce que rapporte en moyenne un internaute à tous les moteurs de recherche qu'il utilise. Pour Google, c'est une activité très rentable puisqu'elle lui procure plus de 70 milliards de dollars de recettes par an. Il faut dire que le moteur de recherche occupe 90 % du marché en Occident. La majorité des internautes l'utilisent sans se poser de question.

Source : Florence Pinaud, #MaVieSousAlgorithmes

La clé du profit

Pour générer des profits, les algorithmes des réseaux sociaux analysent les habitudes et centres d'intérêts des utilisateurs et les mettent en relation avec les publicités d'un annonceur. Il existe différentes méthodes de collecte de données, qui une fois collectées, alimentent des bases de données et permettent au réseau social de profiler les utilisateurs à des fins publicitaires.

Doc. e Réseaux sociaux côté utilisateur

> Inscription au réseau

> Boutons de partage

> Gestion des préférences

Doc. f Réseaux sociaux côté annonceur

> Gestion de la campagne publicitaire

> Analyse de l'audience

Activités

1 Doc. a Quelle est la première source de revenus des réseaux sociaux présentés ?

2 Doc. b Qu'est-ce que *Adwords* ? Quel est son fonctionnement ?

3 Docs c et d D'après les exemples donnés, expliquer le fonctionnement de ces différents types de publicité. Discuter l'affirmation d'Andrew Lewis, alias Blue_beetle, sur la page web MetaFilter : « Si vous ne payez pas un service sur le Net, c'est que vous n'êtes pas le consommateur, vous êtes le produit vendu ».

4 Doc. e Quelles sont les différentes méthodes de collecte des données ? Lesquelles sont collectées ici ?

5 Doc. f Quels sont les outils fournis aux annonceurs pour cibler leurs publicités ? Comment fonctionnent-ils ?

Conclusion

Décrire le modèle économique d'Instagram, en utilisant les notions suivantes : publicité, relais d'opinion, followers, audience, monétisation, cookie...

UNITÉ 5 — L'accès à l'information

En 2018, l'enquête Digital News Report montre que la majorité (68 %) des Français utilisent les réseaux sociaux pour accéder à l'information.

▶ **Pourquoi les réseaux sociaux prennent-ils aujourd'hui une place croissante dans l'accès à l'information ?**

Rapport à l'information

Doc. a — Les internautes face à l'information

Source : Kanter, janvier 2018

Source : LK Conseil, 2018

Doc. b — L'actualité et les réseaux sociaux

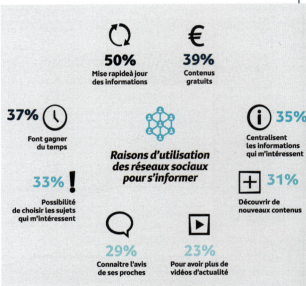

Source : Mediametrie.fr

Doc. c — Bulles informationnelles

Parole d'expert

D'après Jamila Yahia-Messaoud, directrice des Départements Comportement Média et Ad'hoc de Médiamétrie : « Les réseaux sociaux délivrent un fil d'info personnalisé, une information adaptée aux préférences de l'utilisateur, qu'elle soit poussée par les proches, l'entourage ou par le réseau lui-même grâce aux algorithmes qui ont appris à connaître l'utilisateur. »

Une des conséquences de cette personnalisation de l'information est d'isoler intellectuellement et culturellement l'internaute dans sa zone de confort et ne pas le soumettre à des contenus contradictoires. Ce biais cognitif s'appelle **« bulle de filtre »** ou **« bulle informationnelle »**.

Source : Mediametrie.fr

Personnalisation de l'information sur les réseaux

Doc. d Les moteurs de recommandation

Les clients ayant acheté cet article ont également acheté

Le merveilleux voyage de Nils Holgersson à travers la Suède
› Selma Lagerlöf
★★★★½ 20
Broché
EUR 5,70 ✓prime

> Recommandation Amazon

Doc. e Des influenceurs

Un **influenceur** ou leader d'opinion est une personne susceptible d'influencer le comportement d'un nombre significatif de consommateurs. Il est présent sur les réseaux sociaux ou tout autre canal de communication pouvant toucher un public ciblé en quantité importante. Il réunit une communauté active et engagée. Il a un fort potentiel d'audience sur une thématique précise, grâce à ses nombreux *followers*, ce pourquoi les entreprises s'adressent à lui pour vendre des produits.

Point info !

Quand on se connecte avec son compte Google, les informations sont triées en fonction de notre historique de navigation et de tous nos comptes liés.

Doc. f Algorithme de recommandation de Facebook

Activités

1 Docs a et b Dégager les faits significatifs de ces graphiques. Quelles sont les deux attentes essentielles des utilisateurs qui sont comblées par les réseaux sociaux ? Justifier pourquoi.

2 Docs c et e Quel est le défaut reproché aux réseaux sociaux ? Quels avantages peut avoir la bulle informationnelle pour les annonceurs ?

3 Docs d et f Décrire la manière dont les différents réseaux sociaux personnalisent l'information.

4 Doc. f Décrire la manière dont l'algorithme de recommandation de Facebook EdgeRank influence la visibilité d'une information dans le fil d'actualité.

5 Docs d à f Comment les influenceurs incitent-ils les internautes à accéder à une information ?

Conclusion

Pourquoi l'accès à l'information sur les réseaux est-il affaire d'influence ?

UNITÉ 6 — Les traces numériques

Les réseaux sociaux ont un impact sur la notoriété des internautes et des entreprises. Ils gèrent d'importantes bases de données relatives aux informations de tous les utilisateurs.

Que deviennent les traces que nous laissons sur les réseaux sociaux ?

Identité numérique et e-réputation

Doc. a Témoignage : elle réclame ses données et reçoit… 800 pages !

Une journaliste parisienne inscrite sur un fameux site de rencontre a décidé de réclamer ses données personnelles auprès du site. Pour l'équivalent d'une fréquentation de 4 années, elle a reçu pas moins de 800 pages résumant les différents aspects de sa vie privée : ses « likes » sur Facebook, ses photos postées sur Instagram, ses diplômes universitaires, mais aussi les dates, lieux et contenus de ses conversations… Que pourrait-il se passer dans le cas où ces informations seraient divulguées ou revendues à une autre entreprise ?

D'après Libération.fr

Doc. b L'interconnexion des réseaux sociaux

Doc. c La e-réputation

La e-réputation correspond à la perception des internautes d'une entreprise ou d'un individu sur internet.

"On the Internet, nobody knows you're a dog."

* Sur internet, personne ne sait que je suis un chien.

Doc. d Connaître son identité numérique

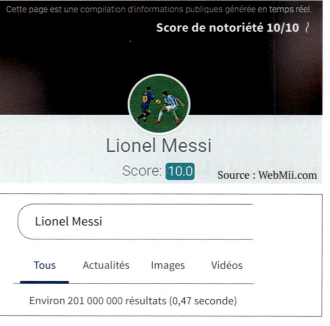

Source : WebMii.com

Nombre de résultats sur Google : 201 000 000

Les données collectées via les réseaux sociaux

Toute activité sur le Web implique la création de traces. Certaines sont volontaires, d'autres involontaires ou ne dépendent pas des actions des internautes. Leur addition construit l'identité numérique de chacun. Ces traces sont collectées et stockées dans des bases de données pour nourrir les algorithmes des réseaux.

Doc. e Extrait de la déclaration des droits et responsabilités de Facebook

« Pour le contenu protégé par les droits de propriété intellectuelle, comme les photos ou vidéos, vous nous donnez spécifiquement la permission suivante, conformément à vos paramètres de confidentialité et paramètres d'applications : vous nous accordez une licence non-exclusive, transférable, sous-licenciable, sans redevance et mondiale pour l'utilisation des contenus de propriété intellectuelle que vous publiez sur Facebook ou en relation à Facebook (« licence de propriété intellectuelle »). Cette licence de propriété intellectuelle se termine lorsque vous supprimez vos contenus de propriété intellectuelle ou votre compte, sauf si votre compte est partagé avec d'autres personnes qui ne l'ont pas supprimé. »

Source : Facebook.fr

Doc. f Extrait de la politique de confidentialité de Twitter

Lorsque vous utilisez Twitter, même si vous ne faites que regarder des Tweets, nous recevons certaines de vos informations personnelles, telles que le type d'appareil que vous utilisez et votre adresse IP.
Vous pouvez choisir de partager d'autres informations avec nous, telles que votre adresse email, votre numéro de téléphone, les contacts de votre carnet d'adresses et un profil public. Nous utilisons ces informations notamment pour protéger votre compte et afficher des Tweets plus pertinents, ainsi que des personnes à suivre, des événements et des publicités susceptibles de vous intéresser.

Source : Twitter.fr

Doc. g Extrait de la politique de confidentialité de TripAdvisor

« Nous nous sommes associés à Facebook afin de fournir sur TripAdvisor du contenu personnalisé pour les membres de Facebook. Si vous êtes connecté à la fois à Facebook et TripAdvisor, certaines parties du Site Web peuvent être personnalisées pour vous lorsque vous consultez le Site Web, même si c'est la première fois que vous visitez le Site Web de TripAdvisor. »

Source : Tripadvisor.mediaroom.com

Activités

1 **Doc. a** Classer les informations récoltées en deux catégories : publications de la journaliste (volontaire), publications provenant d'un autre réseau social (usage des données).

2 **Doc. b** Quels sont les avantages et les inconvénients d'interconnecter ses comptes, pour l'utilisateur et les réseaux sociaux ? Chercher d'autres exemples.

3 **Docs c et d** Déduire les éléments constitutifs de l'identité numérique. Proposer une définition. Quel lien faites-vous entre la e-réputation et l'identité numérique ?

5 **Docs e à g** Quelles sont les données collectées par les réseaux sociaux ? Quels sont les outils permettant de connaître son identité numérique ? Comment peut-on paramétrer ses comptes pour assurer leur confidentialité ?

Conclusion

Pourquoi est-il important de maîtriser son identité numérique et son e-réputation ?

THÈME 3 | LES RÉSEAUX SOCIAUX | **75**

UNITÉ 7 — Enjeux éthiques et sociétaux des réseaux

Les réseaux sociaux peuvent avoir des impacts considérables sur notre vie quotidienne. À ce titre, ils interrogent notre rapport à la citoyenneté.

Quels sont les impacts des réseaux sociaux dans notre vie quotidienne ?

La cyberviolence

Doc. a Typologie des cyberviolences sur les réseaux sociaux

Réseaux sociaux	
Partage de contenus Publication de textes, photos et vidéos Création et adhésion à des groupes Discussion Envoi d'emails	Publier des photos ou vidéos humiliantes Publier des commentaires désagréables Pirater le compte d'une personne et envoyer des messages inappropriés en son nom Utiliser des logins et mots de passe d'un camarade Créer un faux profil au nom d'une autre personne et l'utiliser de façon malveillante (pour intimider, harceler, mettre en danger une personne) Créer un groupe humiliant au nom d'une personne, y tenir des propos injurieux Mettre à l'écart une personne en refusant systématiquement ses demandes d'amis ou en la bloquant

Source : Media.education.gouv.fr

Doc. b Spécificités des cyberviolences

Avec les spécificités du numérique, on ajoute un impact plus conséquent aux violences que peuvent rencontrer les individus. En effet, les contenus offensants peuvent se répandre très rapidement grâce aux réseaux qui accélèrent et grandissent l'échelle des échanges. D'autre part, le caractère anonyme des échanges favorise le sentiment d'impunité. Une certaine distance s'installe et diminue la capacité d'empathie ou la conscience de ses actes. Dans certains cas, il rend aussi difficile l'identification de l'auteur. Enfin, les cyberviolences n'ont pas de limite temporelle : on peut publier des contenus de nuit comme de jour et elles laissent toujours une trace derrière elles. Une fois la diffusion sur la toile effectuée, on ne peut plus maîtriser son cheminement.

Doc. c Article 222-33-2-2 du code pénal

« Le fait de harceler une personne par des propos ou comportements répétés ayant pour objet ou pour effet une dégradation de ses conditions de vie se traduisant par une altération de sa santé physique ou mentale est puni d'un an d'emprisonnement et de 15 000 € d'amende lorsque ces faits ont causé une incapacité totale de travail inférieure ou égale à huit jours ou n'ont entraîné aucune incapacité de travail. »

Doc. d nonauharcelement.education.gouv.fr

Un site pour prévenir et se protéger du cyberharcèlement ou trouver de l'aide. De nombreuses vidéos sont disponibles pour comprendre ses diverses variantes.

Lien vidéo 3.01 : qu'est-ce que le sexting et le sexting « non consenti » ?

La lutte contre les infox

Les réseaux sociaux sont considérés, du fait de leur structure, comme des relais de la désinformation. Derrière cette affirmation, se posent les questions de la fiabilité et de la viralité de l'information.

Doc. e Fiabilité des sources d'information

WhatsApp rejoint la lutte contre « l'infox »

En juillet 2018, l'entreprise WhatsApp a décidé de limiter le partage de messages à cinq utilisateurs, dans une liste de diffusion.
D'abord testée en Inde durant six mois, en réaction aux opinions des utilisateurs, cette restriction a été généralisée en Europe.
Cette mesure a pour ambition de lutter contre « l'infox » et la propagation de rumeurs qui ont d'ailleurs causé plusieurs décès en Inde.

Doc. f Initiatives des réseaux sociaux

Doc. g Droit à l'oubli

Grâce à l'arrêt de la Cour de Justice de l'Union européenne (CJUE) du 13 mai 2014, il est possible de réclamer le « droit à l'oubli ». Pour l'appliquer, il faut demander au site d'origine de supprimer les informations outrageuses et au moteur de recherche de ne plus les référencer.

Lien 3.02 : infographie complète

Activités

ITINÉRAIRE 1

À l'aide de ces documents et de ceux de l'unité 6, développer un argumentaire à propos des atouts que peuvent représenter le référencement et la réputation numérique.

Conclusion

Réaliser un débat contradictoire et argumenté entre le groupe d'élèves suivant l'itinéraire 1 et celui suivant l'itinéraire 2.

ITINÉRAIRE 2

À l'aide de ces documents et de ceux de l'unité 6, développer un argumentaire à propos des risques et inconvénients que peuvent représenter le référencement et la réputation numérique.

LE MAG' DES SNT

👁 Grand angle

En 2014, la société Global Science Research et Aleksandr Kogan (professeur à l'université de Cambridge) publient un quiz de personnalité comprenant 120 questions, nommé « Thisisyourdigitallife ». Les réponses devaient être utilisées dans le cadre de recherches universitaires.
Pour convaincre les internautes de participer, ils ont été rémunérés entre 2 et 5 dollars. Au total 32 000 personnes ont répondu. En fin de quiz, et pour obtenir leur code de paiement, les internautes ont dû se connecter à l'aide de leur compte Facebook.
Grâce à cette connexion, Global Science Research a recueilli, en plus des réponses au quiz, toutes les données des comptes Facebook des participants. Au passage, elle a récupéré les données de leurs contacts. Au total, l'entreprise a pu recueillir les données de 87 millions de personnes dans le monde (2,7 millions pour l'Union européenne).

Global Science Research travaillait en sous-traitance pour la société Cambridge Analytica, spécialisée en communication stratégique et analyse de données. Ainsi, elle leur a transféré l'ensemble des données collectées. Leur analyse a permis à Cambridge Analytica d'établir des modèles psychologiques de votants dans onze États-clés des États-Unis.
De ce fait, elle est soupçonnée d'avoir influencé le vote des électeurs lors de l'élection présidentielle américaine de 2016.

> **Des données politiquement incorrectes**

Bien que la société Global Science Research ait collecté légalement les données des utilisateurs (en accord avec les Conditions Générales d'Utilisation de Facebook), elle en a violé les règles en les transmettant à Cambridge Analytica. Mark Zuckerberg a également été contraint de présenter ses excuses et de s'expliquer sur le risque d'acquisition de données personnelles d'utilisateurs sans leur consentement.

VOIR !

Nerve

Vee s'inscrit sur un nouveau réseau social ultra tendance : Nerve. Nouvelles rencontres, aventures trépidantes ; ce réseau attire une immense communauté de « voyeurs » et de « joueurs ». Mais les créateurs de cette application semblent cacher des ambitions inquiétantes… Entre fausses informations et appât du gain, Vee est prise dans l'engrenage. On réfléchira à deux fois avant de répondre à cette question : **êtes-vous joueur ou voyeur ?**

ET DEMAIN ?

Ce rêve insensé, les réseaux sociaux sont en train d'en faire une réalité. Capteurs des objets connectés, cookies de navigation sur internet, ils scrutent tous nos faits et gestes IRL (*In Real Life*) ou sur les réseaux, les collectent et les analysent à l'aide d'algorithmes de plus en plus précis. Si précis qu'ils permettront d'ici peu de prédire avec précision l'arrivée de la grippe ou le prochain vainqueur du 100 m aux Jeux olympiques.

En tant que particuliers, pour l'instant ce sont nos comportements d'achat et nos paramètres physiques qui sont analysés à des fins de publicité ciblée. Parfois, les algorithmes interviennent même pour nous aider à gérer notre hygiène de vie. Demain, ils anticiperont nos conduites à risque pour le meilleur, ou pour le pire. Le monde décrit par Philip K. Dick dans sa nouvelle *Minority report* n'est plus si loin étant donné que la précognition pourrait être assurée par les réseaux sociaux et non par un don humain.

> « Les réseaux sociaux prédiront l'avenir »

On va encore plus loin dans l'épisode « Chute libre » de la série *Black mirror*. Imaginez un monde où chaque individu serait soumis à la notation inter-personnelle. La qualité de vie de chacun dépendrait alors de son statut social. Plus la note accordée par l'entourage serait élevée, plus vous auriez droit à des privilèges (jobs intéressants et loisirs de qualité).

MÉTIER
SOCIAL MÉDIA MANAGER

Yann vous parle de son métier

« Le rôle de notre équipe est de fixer le cap de la communication de [la marque] sur les réseaux sociaux, et d'animer au quotidien l'ensemble des réseaux. Notre rôle principal est de faire le lien entre les Français et la marque. Nos prises de paroles sont donc assez variées car on doit être capables de s'adresser à des communautés très différentes.

Le gros risque sur les réseaux sociaux, c'est de se perdre dans les chiffres, car on a énormément de données à disposition. Tout va très vite, en quelques heures, des sujets anecdotiques peuvent prendre des proportions assez irréelles. Il faut évidemment être réactif pour désamorcer une éventuelle polémique, mais aussi savoir prendre du recul pour apporter les meilleures réponses possibles. »

Un social media manager crée et relaie du contenu pour une marque, tandis que le community manager parle en son propre nom.

Source : Fabian Ropars, « Interview la stratégie social media de Décathlon », blogdumoderateur.com, 26/03/2018

En bref

1
VALEUR ÉNERGÉTIQUE DES RÉSEAUX SOCIAUX

Le Réseau de Transport d'électricité a conçu une plateforme en ligne qui permet de calculer sa consommation d'électricité par rapport aux réseaux sociaux. Après étude, on estime qu'un post ou un like consomme en moyenne 0,025 Wh. Sur Facebook, 318 amis représentent 8 Wh, ce qui correspond à l'énergie utilisée avec une brosse à dents électrique pendant 13 min.

2
WORLD EMOJI

Le smiley graphique a été inventé en 1963 par Harvey Ball comme subterfuge pour redonner le sourire aux autres employés de son entreprise. En 1999, il évolue en emoji grâce à un opérateur japonais. Sur les réseaux sociaux, les emojis (« image lettre », en japonais) sont le langage des émotions, ce pourquoi leur nom s'en rapproche. On en compte aujourd'hui 2 823.

3
DÉCROCHER DES RÉSEAUX SOCIAUX

Dans le but de prévenir la dépendance aux écrans, plusieurs applications pour smartphone proposent de connaître le temps passé sur les réseaux sociaux et/ou d'aider à en contrôler sa consommation. Il est même possible de paramétrer un temps maximal à passer sur chaque application.

BILAN

Les notions à retenir

DONNÉES ET INFORMATIONS
Les réseaux sociaux facilitent la circulation d'informations de natures diverses : publiques et personnelles, informatives ou divertissantes. Ils profilent finement leurs utilisateurs grâce à la collecte de leurs données personnelles, de leurs habitudes et interconnexions. L'ensemble de ces données sont stockées dans des bases de données pour constituer un profil utilisateur, enrichi par l'interconnexion des réseaux entre eux.

ALGORITHMES + PROGRAMMES
Grâce aux algorithmes spécifiques alimentés par ces bases de données, les réseaux sociaux offrent une expérience personnalisée à leurs utilisateurs et valorisent financièrement ce profilage auprès d'annonceurs.
Pour étudier les réseaux sociaux, des programmes permettent de les représenter sous forme de graphe et de matrice.

MACHINES
Les machines utilisées pour accéder aux réseaux sociaux envoient également des informations (adresse IP, localisation, contacts…) permettant de profiler finement les utilisateurs. Le smartphone, support privilégié, augmente la fréquence des usages en favorisant la transmission et l'accès à l'information.

IMPACTS SUR LES PRATIQUES HUMAINES
L'expérience personnalisée proposée par les réseaux sociaux risque d'enfermer les utilisateurs dans une bulle de pensée sans accès à des contenus divergents et dont les sources d'information ne sont pas vérifiées. Cela peut nuire à la pensée critique. L'influence de ces réseaux peut être très forte et aggraver certaines vulnérabilités des utilisateurs.

Les mots-clés

- Algorithme de recommandation
- Bulle informationnelle
- Communautés
- Conditions Générales d'Utilisation
- Cyberviolences
- Infox
- Modèle économique
- Graphe
- Identité numérique

LES CAPACITÉS À MAÎTRISER

▶ Connaître le fonctionnement des réseaux sociaux (principes et caractéristiques à l'aide de graphes simples)

▶ Comprendre comment l'information sur les réseaux sociaux est conditionnée par le choix préalable de ses amis

▶ Connaître les différentes formes de cyberviolences

L'essentiel en image

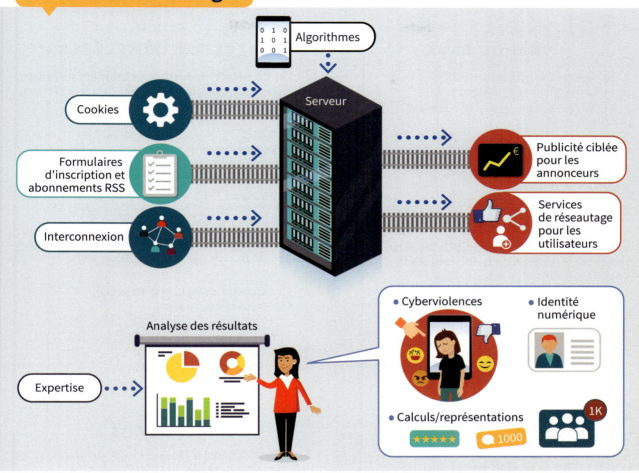

Des comportements RESPONSABLES

Protéger sa vie privée sur le Web et respecter celle des autres
La loi protège les internautes par l'obligation du respect de la vie privée (RGPD) et du droit d'auteur, et par la lutte contre les cyberviolences et les infox.

Garder son esprit critique face à l'accès à l'information
Il faut se renseigner sur le fonctionnement des réseaux sociaux et de leur modèle économique.

Gérer sa consommation d'énergie par un usage modéré des réseaux sociaux

THÈME 3 | LES RÉSEAUX SOCIAUX | 81

EXERCICES

Se tester

• VRAI OU FAUX •

1. Les réseaux sociaux vendent les données personnelles de leurs utilisateurs.
2. Les réseaux sociaux gardent nos données pour toujours.
3. L'identité numérique concerne aussi bien les personnes que les entreprises.
4. Aimer, re-partager une vidéo dans laquelle une personne se fait insulter n'est pas assimilable à de la cyberviolence.
5. Les rumeurs ne peuvent pas se propager sur les réseaux sociaux.
6. Avec la loi sur les données personnelles, il est possible de faire effacer ses traces numériques.

Plusieurs réponses correctes.

7. Quelle est la nature des informations principales partagées sur Flickr, Pinterest et Instagram ?
a. vidéos ;
b. messages ;
c. photos.

8. Après Facebook, quel est le réseau social le plus utilisé au monde, parmi ceux-ci ?
a. Twitter ;
b. Qzone ;
c. Instagram.

9. Quels sont les trois éléments qui composent l'identité numérique ?
a. Données personnelles, publications, traces.
b. Publications, traces, historique.
c. Données personnelles, adresse IP, traces.

10. Pourquoi certifier son compte sur un réseau social ?
a. Pour décorer son profil.
b. Pour attester de son identité.
c. Pour être mieux référencé.

11. L'expérience du « petit monde » de Milgram démontre :
a. le degré d'obéissance d'un individu devant une autorité qu'il juge légitime ;
b. que tous les individus sont reliés par une courte chaîne de relations sociales ;
c. que les réseaux sociaux peuvent être analysés avec des outils mathématiques.

• TEXTE À COMPLÉTER •

12. Compléter le texte avec les mots suivants : *limite, cyberviolences, d'anonymat, cyberharcèlement, dissémination rapide.*

Le .... concerne un élève sur cinq. Il peut se produire à la maison ou à l'école, 7 jours sur 7, 24 heures sur 24 car il n'a pas de .... spatio-temporelle. Les outils numériques, grâce à leurs pouvoirs de .... de l'information et la possibilité ...., diminuent les capacités d'empathie et participent à la propagation des ....

• RELIER •

13. Associer chaque réseau social à son année de création.

Facebook • • 1999
Reddit • • 2004
Snapchat • • 2016
Qzone • • 2005
TikTok • • 2011

• CHARADE •

Mon premier est une conjonction de subordination de cause ou de temps.
Mon second est la première page d'un quotidien.
Mon troisième est de l'H_2O.
Mon quatrième est la boisson chaude la plus bue au monde.
Mon tout constitue des groupes d'intérêt au sein des réseaux sociaux.

14. Qui suis-je ?

• CHERCHER L'INTRUS •

Trouver l'intrus dans chacune des listes suivantes.
15. Nœud, ordre, taille, diamètre, hauteur.
16. Freemium, participatif, communautaire, payant.
17. Vie sociale, vie privée, vie professionnelle, vie publique.
18. Moteur de recherche, système de requêtes, moteur de recommandation, système questions/réponses.
19. Flickr, Youtube, Skype, Tripadvisor.

Corrigés p. 202

Exercice guidé

20. Renouer les liens

Pour le centenaire de la création d'un lycée, l'amicale des anciens élèves met en place un événement festif et souhaite y inviter tous les étudiants ayant poursuivi leur scolarité dans l'établissement. Le président de l'amicale vous contacte car il n'a pas pu joindre trois des étudiants (Fabien René, Aziz Belaj et Zara Rhéaume) de votre classe de Première et il se rappelle que vous étiez amis. Il vous demande si vous pouvez les mettre en relation. Bien que vous n'ayez plus de lien avec vos anciens camarades de classe, vous êtes intrigué par cette demande et réalisez une série de recherches sur internet et les réseaux sociaux.

1. Comment retrouver chacun de ces anciens élèves ?
2. Combien d'intermédiaires faut-il ?

Doc. a Une autre piste : un article

Le Dr Barrière nous raconte ses découvertes
C'est dans la forêt humide de Zanzibar que nous rencontrons le Dr Simard et son assistant M. Ouellet. Ils nous indiquent l'état de leur recherche sur les singes colobes roux, espèce endémique de singes, qui peuplent la forêt de Jozani où ils vivent par groupes d'environ 40 animaux. Dotés de quatre estomacs, ils se nourrissent de fruits verts et de feuilles dures. C'est pratiquement le seul animal terrestre visible à Zanzibar.

Doc. b Graphes sociaux de référence

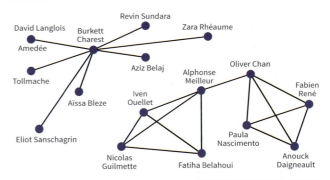

Liens entre les anciens élèves de la classe de Première (d'après l'étude de leur liste d'amis sur les réseaux sociaux)

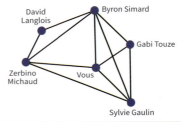

Liens entre vos amis proches (d'après l'étude de votre liste d'amis sur les réseaux sociaux)

Aides
1. Repérer les trois noms dans les différents documents.
2. Ajouter les liens manquants.
3. Repérer les liens faibles.
4. Dessiner les chemins vous permettant de rejoindre les trois personnes.

QCM sur documents

Gestion des paramètres sur Tweeter

21. Dans quel menu de Twitter se trouve l'option « Identification de photo » ?
a. Compte
b. Confidentialité et sécurité
c. Notification

22. Que signifie l'option « Protégez vos tweets » ?
a. Seules les personnes abonnées au compte peuvent recevoir vos tweets.
b. Les applications-tierces ne peuvent pas accéder à vos tweets.
c. Vos tweets ne peuvent pas être re-tweetés.

EXERCICES

S'entraîner

23. Community manager : mission 1

L'entreprise Ducoin et Cie fabrique des enceintes portables lumineuses. Elle souhaite développer la vente de ses produits à l'internationale. Pour cela, elle vous a embauché en qualité de community manager pour faire connaître sa marque et ses produits.

▶ Compléter le tableau ci-dessous qui permettra à l'entreprise Ducoin et Cie de choisir trois réseaux sociaux sur lesquels elle sera présente et fera de la publicité. Les critères à prendre en compte sont : le nombre d'utilisateurs, la couverture internationale, la possibilité de partager des photos sans limitation dans le temps et la fréquentation d'un public jeune à conquérir.

Nom du réseau social	Nombre d'utilisateurs	Couverture internationale	Type de partage possible	Limitation dans le temps

 Lien 3.03 : pour vous aider dans vos recherches, rendez-vous sur le site https://www.webmarketing-conseil.fr/choisir-reseaux-social/

24. Community manager : mission 2

Maintenant que vos trois réseaux sociaux sont choisis, que vous communiquez dessus et que les ventes des produits de Ducoin et Cie augmentent, votre chef d'entreprise veut amplifier sa communication à l'aide d'un influenceur. À cette fin, il vous demande de l'aider à en choisir un parmi les portraits présentés ci-dessous.

▶ Réaliser un rapport de sélection en y indiquant vos choix en fonction des critères suivants : audience, communautés ciblées et risques liés à la e-réputation.

Nombre d'abonnés
– Youtube : 100 000
– Periscope : 4 500 000
– Amazon : 2 500 000
Âge moyen : 40 ans

Centres d'intérêts
– photos, vidéos
– « goodies »

E-réputation : +

Nombre d'abonnés
– Snapchat : 1 000 000
– Instagram : 250 000
– Tripadvisor : 250 000
Âge moyen : 18 ans

Centres d'intérêts
– cadeaux souvenirs
– tourisme

E-réputation : +

Nombre d'abonnés
– Facebook : 2 000 000
– Twitch : 100 000
– Instagram : 2 500
Âge moyen : 30 ans

Centres d'intérêts
– jeux vidéos
– tourisme

E-réputation : ++

Nombre d'abonnés
– Instagram : 4 500 000
– Twitter : 1 000 000
– Youtube : 250 000
Âge moyen : 25 ans

Centres d'intérêts
– voyage
– bons plans

E-réputation : –

25. Community manager : mission 3

La marque Ducoin et Cie, bien que connue, n'a pas une bonne e-réputation car ses comptes sur les réseaux sociaux ne sont pas certifiés. Votre chef d'entreprise vous demande de recenser les adresses internet, ce qui permettra au service juridique de réaliser les différentes opérations de certification.

26. Community manager : mission 4

La marque Ducoin et Cie est désormais bien installée sur les réseaux sociaux et ses produits sont mondialement connus ! Cependant, à travers l'étude des commentaires et des publications de vos abonnés citant votre entreprise, vous vous apercevez que beaucoup critiquent l'usage des données personnelles de vos trois réseaux sociaux adoptés.
En concertation avec votre chef d'entreprise, pour informer vos communautés et garder votre e-réputation intacte, vous décidez de réaliser une campagne sur l'usage des données personnelles opéré par l'entreprise à travers ces réseaux sociaux.

● Pour cela, adressez un rapport au service communication de votre entreprise dans lequel seront explicités :
– le type d'informations obligatoirement demandées par les trois réseaux sociaux ;
– les informations récoltées par les cookies ;
– le nom et les coordonnées de l'organisme informant les internautes sur leurs droits et les aidant à récupérer leurs données.

Lien 3.04 :
pour vous aider dans vos recherches, rendez-vous sur le site https://www.cnil.fr/fr/cookies-traceurs-que-dit-la-loi.

Enquête

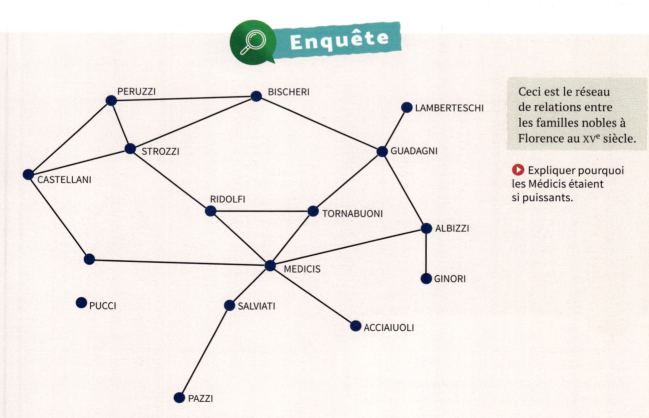

Ceci est le réseau de relations entre les familles nobles à Florence au XVe siècle.

● Expliquer pourquoi les Médicis étaient si puissants.

Figure de M. Jackson, *Social and Economic Networks*

THÈME 4
Les données structurées et leur traitement

Les données constituent la matière première de toute activité numérique. Il faut alors pouvoir les conserver de manière persistante et organisée afin de les exploiter facilement pour produire de l'information. Le stockage des données numériques représente ainsi des enjeux sociétaux, individuels, écologiques et économiques.

Un datacenter (centre de données)

35 billions

C'est le nombre d'informations utilisées en 2017 pour Google, dont 20 petaoctet (millions de milliards) pour l'application Maps à elle seule. L'ensemble des datacenters américains consomme 90 milliards kWh par an. Cela correspond à la production de 34 centrales électriques géantes (500 MW). Google a une consommation énergétique à peu près équivalente à celle de la ville de San Francisco.

Doc. a Des « fermes à serveurs »

D'ordinaire, les datacenters utilisent beaucoup d'énergie pour refroidir les serveurs. À Luleå, où est installé le datacenter de Facebook, le refroidissement est simplement assuré par le vent polaire. Équivalent à vingt patinoires de hockey sur glace, il traite près de 20 % des requêtes des utilisateurs et stocke temporairement leurs données, ce qui consomme beaucoup d'énergie.

> Avec la multiplication des échanges et des usages du Web, la croissance des données est exponentielle. Les ressources physiques et électriques nécessaires à leur conservation doivent s'adapter à un besoin toujours croissant d'infrastructures. La majorité du stockage des données est répartie sur un maillage d'immenses datacenters, véritables ogres environnementaux, responsables d'une énorme empreinte carbone. En 2017, les datacenters ont consommé 3 % de l'électricité mondiale. Ces contraintes énergétiques et économiques poussent les entreprises à rechercher des lieux où l'électricité est peu onéreuse et les coûts de refroidissement peu élevés. Une piste : l'Islande avec son climat frais. C'est aussi la situation géographique idéale entre l'Europe et les États-Unis. Elle présente des sources d'énergie 100 % renouvelables (barrages et énergie géothermique) pour le même prix voire moins cher que les énergies fossiles utilisées ailleurs.

Doc. c L'avenir des centres de données

Vidéo-débat

Doc. b Surveillance et données personnelles

▶ Quels seraient les avantages pour l'État d'avoir accès aux données personnelles de la population, comme l'a dénoncé Edward Snowden ?

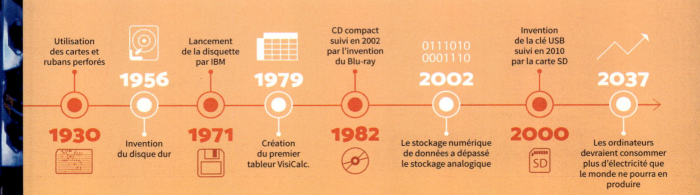

- **1930** : Utilisation des cartes et rubans perforés
- **1956** : Invention du disque dur
- **1971** : Lancement de la disquette par IBM
- **1979** : Création du premier tableur VisiCalc.
- **1982** : CD compact suivi en 2002 par l'invention du Blu-ray
- **2000** : Le stockage numérique de données a dépassé le stockage analogique
- **2002** : Invention de la clé USB suivi en 2010 par la carte SD
- **2037** : Les ordinateurs devraient consommer plus d'électricité que le monde ne pourra en produire

UNITÉ 1 — Notion de donnée structurée

L'entreprise Intel prédit 200 milliards d'objets connectés en circulation dans le monde en 2020. Tous ces appareils génèrent une quantité considérable de données. Celles-ci doivent être la plupart du temps traitées pour être exploitées.

▶ **Comment traiter les données pour qu'elles soient le plus facilement exploitables ?**

La diversité des données

Doc. a Qu'est-ce qu'une donnée ?

Une **donnée** est une valeur attribuée à une entité pour la décrire. Il peut s'agir d'un objet, d'une personne, d'un événement ou par exemple d'un numéro de téléphone.
Cette attraction d'un parc de loisirs peut être décrite par beaucoup de données. Certaines sont quantitatives : sa hauteur, sa longueur, le prix du billet, etc. D'autres sont qualitatives : sa couleur, sa forme, son esthétique, etc. D'autres enfin sont catégorielles : montagnes russes, mouvements, etc.

Doc. b Le Big Data

En 2018, IBM a annoncé que 90 % des données mondiales ont été créées au cours des deux dernières années. Chaque jour, 2,5 quintillions d'octets de données sont générés. Ces données constituent le **Big Data** : ensemble des données numériques produites par l'utilisation des nouvelles technologies ou l'échange d'informations. Il répond à trois principes résumés par les « trois V » de l'analyste Doug Laney :
- le Volume de données de plus en plus conséquent ;
- la Variété de ces données qui peuvent être brutes, non structurées ou semi-structurées ;
- la Vélocité qui désigne le fait que ces données doivent être vite produites, récoltées et analysées en temps réel.

D'après Lebigdata.fr

Point info !

Traiter le volume des données produites auprès du Grand collisionneur de hadrons (LHC) du CERN représente un véritable défi. Chaque collision entre les particules produit environ 1 Mo de données brutes, sachant qu'il se produit environ 600 par seconde.

Source : Cern

Doc. c Différents modèles de téléphones mobiles

Vocabulaire

▶ **Base de données** : ensemble de données structurées dans des tables.

▶ **Information** : interprétation que l'on fait d'une donnée.

▶ **Descripteur** : caractéristique propre à plusieurs objets permettant de les décrire au sein d'une collection.

La structure des données

Doc. d Les systèmes de gestion de base de données (SGBD)

Dans une **base de données**, les données sont regroupées sur un ou plusieurs tableaux (les tables), eux-mêmes composés de lignes (les enregistrements) et de colonnes (les champs ou **descripteurs**). Ces données sont accessibles pour consultation et modification par un logiciel nommé « **système de gestion de base de données** » (SGBD).

Doc. e Extrait de la base des caractéristiques des véhicules commercialisés en France

L'ADEME acquiert ces données auprès de l'Union Technique de l'Automobile du motocycle et du Cycle (en charge de l'homologation des véhicules avant leur mise en vente), en accord avec le ministère du développement durable. Cette base est composée d'une seule table.

Lien 4.01 : Télécharger le fichier .csv

Doc. f Données libres de droit

Depuis la signature de la charte du G8 pour l'ouverture des données publiques le 13 juin 2013, Il est désormais possible à tous de télécharger et d'exploiter, sous certaines conditions, les données mises à disposition sur le site data.gouv.fr. Ces données sont libres de droits. D'autres **données libres de droit** sont disponibles sur :
https://www.data.gouv.fr/fr/
https://data.oecd.org/fr/
https://www.insee.fr/fr/statistiques
www.data.gov

Doc. g Un identifiant unique

Chaque enregistrement d'une table est identifié par la valeur d'un champ un peu particulier : l'**identifiant unique** ou **clé primaire** (*primary key* ou PK). Le rôle de cette clé primaire est de s'assurer que deux enregistrements comportant des champs identiques sont bien identifiés distinctement.

Activités

1. **Docs a et b** Énoncer d'autres données caractérisant cette attraction en précisant à quelles catégories elles appartiennent.

2. **Doc. c** Lister des données caractérisant un téléphone mobile. Construire un tableau dont chaque colonne correspond à une caractéristique, et remplir ce tableau avec une ligne pour chaque téléphone présenté dans l'image du document.

3. **Docs d et e** Donner la liste des différents descripteurs caractérisant un véhicule. La première ligne de la table correspond-elle à un enregistrement ? Quelle est la consommation urbaine et le Code National d'Identification du Type (CNIT), 6ᵉ enregistrement de cette table ?

4. **Docs e et g** À partir de la définition du doc. g, identifier le champ pouvant servir de clé primaire dans le fichier .CSV. Justifier.

5. **Doc. f** Illustrer la diversité des bases de données publiques mises à disposition. Élargir votre recherche en effectuant des recherches sur internet.

Conclusion

Comment peut-on définir une donnée et une donnée structurée ?

UNITÉ 2 — Formats des données structurées

Pour assurer leur persistance et leurs échanges, les données sont stockées sous différents formats dans des fichiers. Un format de données est un mode d'organisation des données qui les rend lisibles, faciles à mettre à jour, échangeables et pérennes.

▶ **Comment sont organisées les données dans ces fichiers ?**

Doc. a Les principaux formats de fichiers

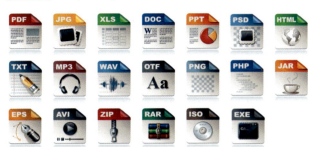

Les données numériques sont enregistrées dans des fichiers de formats différents (txt, png, mp3, csv...) suivant la nature des données stockées (texte, image, son, données structurées...).
Certains formats sont dits « propriétaires » (i.e. propriété d'un fournisseur de logiciel), d'autres sont dits ouverts ou libres (i.e. utilisables par tout concepteur de logiciel).
Certains formats particuliers (csv, json, xml, vcf...) correspondent à des fichiers stockant des données structurées. Les données structurées peuvent être représentées sous forme de tables dont les colonnes sont des descripteurs et les lignes des enregistrements, constituant ainsi des bases de données exploitables.

Doc. b Formats de fichiers de données

Un format de données est dit ouvert (ou libre) si son mode d'organisation a été rendu public par son auteur et qu'aucune entrave légale ne s'oppose à sa libre utilisation (droit d'auteur, brevet, copyright). Il est indiqué sous la forme d'une extension à la suite du nom du fichier. Par exemple monfichier.xml.

 .XML ou Extensible Markup Language
Format utilisé pour l'échange automatisé entre systèmes d'informations.

.CSV : Comma Separated Values
Format de texte où chaque valeur est généralement séparée par une virgule, ce qui permet d'enregistrer les données dans un tableau.

 .VCF : Virtual Card File
Format de carnet d'adresses qui peut contenir une ou plusieurs adresses.

.JSON : JavaScript Object Notation
Format de données textuel dérivé du langage JavaScript.

Les formats libres sont généralement créés dans un but d'interopérabilité : un document enregistré dans un format ouvert sera indépendant du logiciel utilisé pour le créer, le modifier, le lire et l'imprimer. L'utilisateur a donc le libre choix du logiciel. Un standard ouvert (ou libre) est un format qui a été approuvé par une organisation internationale de standardisation.

 L'organisation internationale de normalisation ISO

Le World Wide Web Consortium (W3C)

Vocabulaire

▶ **Interopérabilité :** plusieurs systèmes, souvent hétérogènes, peuvent communiquer et travailler ensemble sur la base de normes partagées, clairement établies et univoques.

▶ **Format de données standard :** façon dont est représenté (codé) un type de donnée.

▶ **Donnée ouverte :** donnée dont l'accès est totalement public et libre de droits pour l'exploitation et la réutilisation.

▶ **Collection :** regroupement d'objets partageant les mêmes descripteurs.

Doc. c Le vrai héros de Game of Thrones

Des personnages nombreux et des intrigues multiples : « Game of Thrones » est un véritable casse-tête pour les spectateurs. Qui est le héros de l'histoire ? Daenerys, Arya, Jon Snow, Bran Stark ? Une piste : étudier des données !
Paru en 2016, un article de A. Beveridge et J. Shan dans Math Horizons Magazines intitulé « Network of Thrones », analyse les relations entre les personnages. Cette analyse repose sur le décompte d'interactions par paire de personnages.

 Lien vidéo 4.02 : résumé de l'analyse

Doc. d Les relations entre les personnages

Aerys,Tyrion,5	Cersei,Joffrey,23	Jon,Mance,69	Lysa,Tywin,4
Balon,Loras,4	Daenerys,Rakharo,7	Jon,Styr,16	Mance,Craster,11
Belwas,Barristan,18	Daenerys,Rhaegar,12	Jon,Ygritte,54	Robb,Theon,11
Belwas,Illyrio,10	Daenerys,Robert,5	Jon Arryn	Robb,Tyrion,12
Beric,Thoros,21	Edmure,Roslin,16	Lysa,Petyr,29	Sansa,Cersei,16
Catelyn,Brienne,7	Jaime,Joffrey,15	Lysa,Robert Arryn,9	Tyrion,Gregor,22
Catelyn,Petyr,5	Jon,Grenn,25	Lysa,Tyrion,5	Tyrion,Kevan,11

Extrait du fichier .csv produit par les auteurs de l'étude

Source : Target, Weight

Télécharger le fichier « NetworkOfThrones-master.zip »

Doc. e Exploitation des données avec Python

Le code ci-dessous permet d'ouvrir le fichier « stormofswords.csv » et de stocker dans ce fichier une liste décrivant les interactions entre personnages. Chaque élément de cette liste "données" est lui-même une liste composée de trois éléments.
Extrait de la liste "données" : [['Aemon', 'Grenn', '5'], ['Aemon', 'Samwell', '31'], ['Aerys', 'Jaime', '18']]...

Pour ouvrir un fichier .CSV dans un tableur, à l'ouverture choisir le jeu de caractères (latin, Unicode…) ainsi que le délimiteur (virgule, point virgule, tabulation…) adaptés en observant en bas de la boîte de dialogue une prévisualisation du résultat.

```
1  import csv                                          # ouverture de la bibliothèque csv
2  couples = []                                        # création de la liste stockant les données d'interaction
3  with open("stormofswords.csv", 'r') as fichier:    # ouverture du fichier csv
4      donnees = csv.reader(fichier, delimiter=',')   # lecture du fichier csv
5      for ligne in donnees:                           # constitution de la liste couple de toutes les données du fichier
6          couples.append(linge)
```

Activités

1 Docs a et b Comment sont structurées les données pour être exploitées ? Quel est l'intérêt de stocker et de diffuser des données dans un format ouvert ?

2 Doc. c Imaginer une base de données simple comportant trois champs (descripteurs) permettant de relier les personnages aux lieux de la série.

3 Doc. c Ouvrir le fichier stormofswords.csv avec un tableur. Y a-t-il des lignes d'en-tête ? Quels champs décrivent les données ? De quel type sont les données par colonnes ? Combien de lignes le fichier contient-il ?

4 Doc. d Exploiter ce fichier grâce au script Python pour déterminer le nombre d'interactions recensées, le nombre de personnages cités. Quels sont les trois personnages les plus cités ? Quel est celui qui totalise le plus d'interactions ?

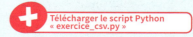
Télécharger le script Python « exercice_csv.py »

Conclusion

Présenter sous forme de carte mentale les informations attachées à la notion de donnée.

UNITÉ 3
PROJET autonome

Acquisition et traitement de données via un smartphone

Un smartphone est un objet connecté susceptible de réaliser l'acquisition de grandeurs physiques diverses via ses capteurs, de les organiser en bases de données et pour en faire un traitement approprié.

OBJECTIF Acquérir, stocker et traiter des données relatives au déplacement d'un ascenseur (vitesse et hauteur).

Acquisition des données

Doc. a Votre smartphone est aussi votre laboratoire

Étape 1
Procéder à l'installation de Phyphox, application gratuite téléchargeable sur le site https://phyphox.org/experiments/ et à partir des stores Android et MacOS.

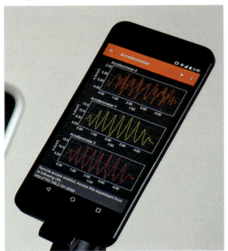

Lien 4.03 : d'autres expériences sont disponibles sur le site Phyphox

Matériel
Un smartphone
Un ascenseur

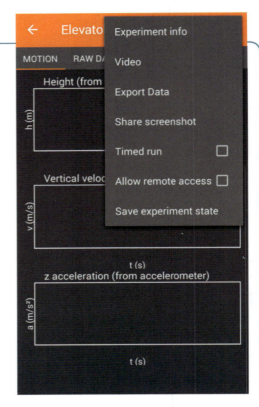

Doc. b Acquisition des données via Phyphox

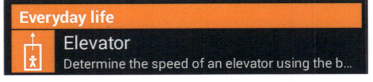

Étape 2
1. Choisir l'expérience « Elevator » dans la rubrique « Everyday life ».

2. Poser votre smartphone sur le sol de l'ascenseur et lancer l'enregistrement, démarrer l'ascenseur puis arrêter l'enregistrement après l'arrêt de l'ascenseur.

3. Envoyer les données collectées via le menu « Export data » en haut à droite (Export par courriel, Wi-Fi, Bluetooth…) au format tableur ou .csv pour un traitement des données sous langage Python.

Vocabulaire

▶ **Capteur** : dispositif transformant une grandeur physique observée en une grandeur exploitable, telle qu'une tension électrique par exemple.

Traitement des données

Doc. c Traitement des données à l'aide d'un tableur

Étape 3

1. À l'aide du tableur, ouvrez le fichier de données (enregistré au format tableur). Quelles données ont été enregistrées par votre smartphone ?

2. Tracer l'évolution de la hauteur en fonction du temps et en déduire la hauteur gravie par l'ascenseur. À quels événements correspondent les changements de pente du tracé ?

3. Calculer la vitesse moyenne de l'ascenseur.

	A	B	C	D	E
1	Time (s)	Pressure (hPa)	Height (m)	Time (velocity) (s)	Velocity (m/s)
2	1,000166	1005,510036	0	1,5026585	0,525761112
3	2,005151	1005,446965	0,52838203	2,525143	0,105411991
4	3,045135	1005,43388	0,63800881	3,565065	0,37574177
5	4,084995	1005,387245	1,02872765	4,585005	-0,169557721
6	5,085015	1005,407483	0,85916654	5,605007	-0,079821775
7	6,124999	1005,417391	0,77615317	6,6250515	0,589457513
8	7,125104	1005,347029	1,36567258	7,645119	1,01350445
9	8,165134	1005,221229	2,41974761	8,66519	1,235885373

⟩ **Extrait de données exportées au format tableur**

Doc. d Traitement des données à l'aide du langage Python

```
Time (s),Pressure (hPa),Height (m),Time (velocity) (s),Velocity (m/s)
«1,000166»,»1005,5100355882»,0,»1,5026585»,»0,5257611119»
«2,005151»,»1005,446965332»,»0,5283820311»,»2,525143»,»0,1054119906»
«3,045135»,»1005,4338801457»,»0,6380088147»,»3,565065»,»0,3757417704»
«4,084995»,»1005,3872445914»,»1,0287276521»,»4,585005»,»-0,1695577206»
```

⟩ **Extrait d'un enregistrement d'un fichier .csv**

```
1  import matplotlib.pyplot as plt
2  t=[]                              # liste des dates
3  p=[]                              # liste des pressions
4  h=[]                              # liste des hauteurs
5
6  with open('ascenseur1.csv', newline='') as donnees:
7    donnees.readline()
8    nbre_lignes=0
9    for m in donnees :
10     nbre_lignes+=1
11   print(nbre_lignes)
12   donnees.seek(0,0)               # on se repositionne en début de fichier
13   mesures=donnees.readline()      # extraction de la première série de mesures
14                                     les intitulés de colonnes
```

⟩ **Extrait du script Python**

Étape 3 bis

1. Ligne 6 et 7, écrire les instructions d'initialisation des listes h et p pour enregistrer hauteur et pression.

2. Adapter la ligne 11 en indiquant le nom et l'emplacement de votre fichier de données au format .csv.

3. Sur le modèle de la ligne 17, écrire lignes 18 et 19 les instructions pour enregistrer les valeurs des pressions et des hauteurs.

Télécharger le script Python « ascenseur_eleve.py »

 **Activités**

1 Doc. a Lister les capteurs présents sur votre smartphone.

2 Doc. b Réaliser l'expérience demandée et sauvegarder les données sous les formats .CSV et tableur.

3 Doc. c Exploiter les données obtenues à l'aide d'un tableur.

4 Doc. d Exploiter les données obtenues grâce au programme Python.

 **Pour aller + loin**

▶ À l'aide du tableur, tracer sur un même graphique l'évolution de la pression et de la hauteur en fonction du temps.
Pour une question d'échelle ces deux tracés sont sur deux axes différents. Modifier votre tracé en utilisant un axe secondaire pour la hauteur.
Expliquer pourquoi ces deux tracés évoluent aux mêmes instants.

THÈME 4 | LES DONNÉES STRUCTURÉES ET LEUR TRAITEMENT | 93

Exploitation d'une base de données

Les données structurées sont souvent présentées sous forme de tableaux. Avec un tableur, il est possible de rechercher, de sélectionner et d'exploiter des informations d'une base de données à partir d'un ou plusieurs critères combinés.

OBJECTIF Comment exploiter une base de données avec un tableur ?

Exploiter les données issues d'une classification

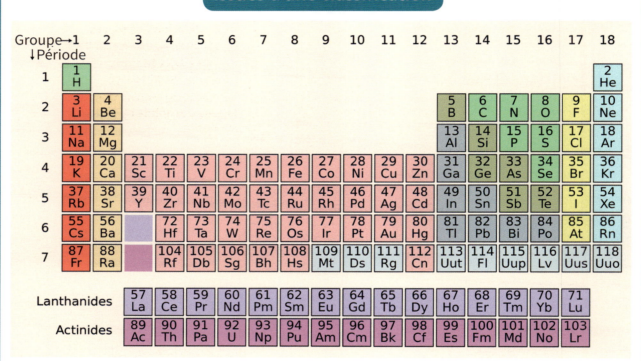

Doc. a Un exemple de base de données : la classification périodique des éléments

Fiche à télécharger :
« Exploiter une base de données relatives à la classification périodique des éléments »

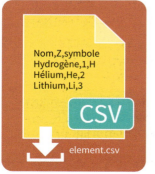

Doc. b Le format .CSV

Le format .CSV (Comma Separated Values – valeurs séparées par des virgules, point-virgules ou tabulations) est un format de fichiers ouvert qui permet de stocker des données de manière comparable à celles stockées dans un tableau, chaque ligne du fichier correspondant à une ligne du tableau ; les colonnes sont en général séparées par des virgules ou des points-virgules.
Ce format très simple permet de mettre à disposition des données qui peuvent être traitées par exemple avec un tableur.

Exploiter une base de données relatives aux séismes

Doc. c Contexte sismo-tectonique du séisme japonais du 11 mars 2011

+ Fiche à télécharger : « Exploiter une base de données relatives aux séismes »

Un séisme majeur de magnitude Mw 9 s'est produit au nord du Japon le 11 mars 2011 à 5 h 46 (heure TU) à proximité des villes de Sendaï (130 km) et de Tokyo (370 km). Ce séisme a généré un important tsunami ayant traversé l'océan Pacifique, avec des effets notables jusqu'au Chili où des vagues de 1 à 2 mètres ont été mesurées.

Voici le tableau résumant ses caractéristiques :

Magnitude	Mw 9
Région	Est des côtes de HONSHU, JAPON
Temps origine	2011-03-11 05:46:23.0 TU
Localisation	38.30 N ; 142.50 E
Profondeur	25 km

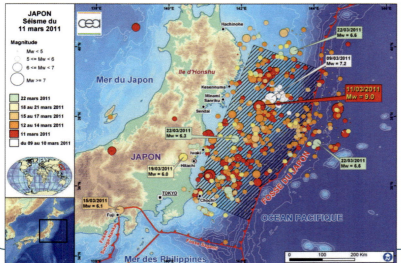

Doc. d Carte représentant la localisation des foyers de séismes au Japon du 2 au 22 mars 2011 (dont le principal du 11 mars)

Les hachures représentent la zone de rupture ou faille supposée.

Source : Dase.cea.fr

Activités

ITINÉRAIRE 1

Docs a et b

1. En utilisant la fonction « rechercher » du tableur, donner le symbole et le numéro atomique de l'élément Praséodyme.

2. Trier les éléments par pays de découverte et, pour un même pays, par date de découverte croissante.

3. À l'aide de la commande « filtrer » du tableur, extraire de cette base les éléments chimiques solides à température ambiante.

Remarque : la température de fusion est la température de passage de l'état solide à l'état liquide, celle d'ébullition correspond au passage de l'état liquide à gazeux.

ITINÉRAIRE 2

Docs c et d

1. En utilisant la fonction « rechercher » du tableur, retrouver le séisme du 11 mars 2011.

2. En utilisant la fonction « trier » du tableur, classer les séismes par latitude.

3. À l'aide de la commande « filtrer » du tableur, extraire de cette base les séismes qui se sont produits entre 37°50 et 38°50 de latitude.

4. Construire le graphique donnant la profondeur des foyers en fonction de la longitude.

Algorithmes de tri

Les données structurées sont organisées au sein de bases de données. Exploiter ces bases, c'est aussi permettre de classer les données selon certains critères. On réalise alors des opérations de tri qui doivent être en général les plus rapides possibles.

OBJECTIF Trier rapidement des données au sein des bases de données.

Doc. a Qu'est-ce que trier ?

Selon le dictionnaire, « trier » signifie « répartir en plusieurs classes selon certains critères ». En algorithmique, le terme de « tri » est très souvent attaché au processus de classement d'un ensemble d'éléments dans un ordre donné. Par exemple, trier les cartes d'un jeu dans l'ordre croissant.
Naturellement, vous savez trier, mais utilisez-vous la méthode la plus efficace ?

 Lien vidéo 4.04 : le tri par algorithmes

Doc. b Trier à la main

Matériel
Préparer dix cartes de papier blanc de même taille (par exemple 5 cm × 5 cm). Inscrire sur chacune un entier choisi au hasard entre 1 et 20. Aligner ces cartes côte à côte sur une table, face inscrite cachée.

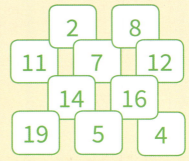

Objectif : Classer ces 10 cartes dans l'ordre croissant de gauche à droite.

Protocole
- Vous ne pouvez retourner que deux cartes simultanément.
- Vous pouvez inverser ou non les positions des deux cartes avant de les replacer face retournée.
- Vous ne devez pas mémoriser les valeurs inscrites sur les cartes au fur et à mesure de votre travail.
- Vous compterez le nombre de paires de cartes que vous aurez retournées et le nombre de paires de cartes que vous avez inversées.

Étapes
1. Quand vous pensez que votre tri est terminé, retourner les cartes pour vérification. Si elles ne sont pas correctement triées, recommencer après avoir replacé les cartes au hasard.
2. Donner un nom à votre méthode de tri et la rédiger sur feuille en utilisant obligatoirement les mots ou expressions suivants : d'abord – ensuite – enfin – jusqu'à ce que – tant que – alors – si.
Attention : toute personne doit être capable de tester votre méthode, à partir de votre texte.
3. Échanger la méthode d'un binôme avec celle d'un groupe voisin, et appliquer cette nouvelle méthode en comptant le nombre de comparaisons et d'échanges effectués.
4. Inscrire au tableau le nom de la méthode ainsi que le nombre de comparaisons et d'échanges réalisés pour trier les cartes. Noter quel groupe semble avoir la technique la plus efficace.

Point info !
Rechercher efficacement une information dans un tableau trié d'un million de valeurs va 50 000 fois plus vite que dans ce même tableau non trié !

Doc. c Un exemple de tri : le tri à bulles

Le tri à bulle consiste à parcourir un tableau de valeurs tirées au hasard, de gauche à droite, en comparant les éléments côte à côte et en les permutant s'ils ne sont pas dans le bon ordre. Au cours d'un premier parcours, le plus grand élément remonte de proche en proche vers la droite, puis le tri recommence toujours à partir du premier élément, jusqu'à ce que l'ensemble soit trié.

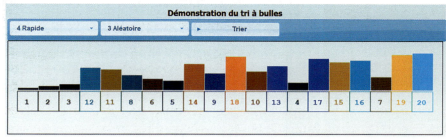

Pour une démonstration de l'algorithme du tri à bulle, suivre le **lien 4.05**

Doc. d Programmer un algorithme de tri à bulles sous Python

```python
import random as rd          # importation de la bibliothèque random
import time as ti             # importation de la bibliothèque time

taille_tableau=250

#-----------------création d'une liste de valeurs aléatoires--------------
T=[rd.randrange(10) for i in range(taille_tableau)]

#-----------------définition de la fonction de tri ----------------------
def tri_bulle(liste):
    """ cette fonction prend en entrée une liste quelconque
    et retourne une liste triée"""
    for taille_liste in range(len(liste),2,-1):
        for indice in range(taille_liste-1):
            if liste[indice]>liste[indice+1]:
                liste[indice],liste[indice+1]=liste[indice+1],liste[indice]
    return liste

#-----------------mesure du temps de traitement-------------------------
date_debut=ti.time()
tri_bulle(T)
date_fin=ti.time()

print('durée du tri : ',date_fin-date_debut,'s')
```

Étape 1 : créer un tableau de données aléatoires sous Python.

Étape 2 : saisir le code d'exécution du tri sous Python.

Étape 3 : évaluer le temps nécessaire pour trier.

Activités

1 **Doc. a** Après avoir visionné la vidéo, décrire en un paragraphe la méthode de tri mise en œuvre.

2 **Doc. b** Par binôme, mettre en œuvre l'activité décrite dans le protocole.

3 **Doc. c** Après avoir visionné la démonstration, mettre en œuvre le principe du tri à bulle (avec une série de 10 cartes numérotées aléatoirement de 1 à 20). Pourquoi appelle-t-on cette méthode tri à bulles ?

ITINÉRAIRE 1

Doc. d

1 Après avoir réalisé les étapes 1 et 2, indiquer le rôle de l'instruction « taille_tableau=25 » et celui de l'instruction « rd.randrange(10) » ?

2 À l'aide des instructions « print(T) et print(tri_bulle(T)) », afficher le tableau avant puis après le tri. Le tri est-il correct ?

3 Modifier le nombre de valeurs à trier. Cette méthode fonctionne-t-elle toujours ?

ITINÉRAIRE 2

Doc. d

1 Après avoir réalisé les étapes 1 et 2 et à l'aide des instructions « print(T) et print(tri_bulle(T)) », afficher le tableau avant puis après le tri.

2 Charger la bibliothèque « time A ». À l'aide des instructions de l'étape 3, calculer le temps nécessaire pour effectuer le tri. Calculer l'évolution de ce temps si la table du tableau à trier double.

THÈME 4 | LES DONNÉES STRUCTURÉES ET LEUR TRAITEMENT | 97

UNITÉ 6 — Les métadonnées des fichiers

Tout fichier informatique est constitué de données structurées, organisées selon un certain format. À ce fichier sont attachées d'autres informations appelées métadonnées.

▶ **Quelles informations apportent les métadonnées de bases de données numériques ?**

Doc. a — Genèse des métadonnées

Dans l'Histoire, on a toujours eu besoin de métadonnées afin de référencer les données accumulées : le rôle des métadonnées est de caractériser chaque donnée pour la retrouver dans un classement établi au préalable. Les métadonnées peuvent ainsi prendre différentes formes selon ce qu'elles doivent décrire. Ce furent d'abord, dans la grande bibliothèque d'Alexandrie, suspendues à chaque rouleau, de simples étiquettes mentionnant le travail de l'auteur, le titre et le sujet de son ouvrage ; ce système permettait aux usagers de la bibliothèque de classer chaque rouleau sans le dérouler pour en connaître le contenu.

Au Moyen-Âge, chaque chapitre d'un manuscrit était orné en son début d'enluminures, portant à la fois la signature de l'auteur et une instruction sur son contenu.

À l'époque moderne, le système de catalogage établi par Dewey en 1876 a permis d'optimiser un modèle de classification universel : chaque usager d'une bibliothèque, quelle qu'elle soit, peut retrouver facilement les ouvrages qu'il recherche ; les conservateurs voient également leur travail de catalogage facilité.

Une enluminure

Lien 4.06 : infographie sur l'histoire des métadonnées

Doc. b — Les métadonnées à l'ère du numérique

Les métadonnées relatives à un titre musical

Vocabulaire

▶ **Métadonnées :** ensemble structuré d'informations décrivant une ressource quelconque. Les métadonnées ne décrivent pas seulement des documents électroniques.

Point info !

On peut consulter les métadonnées d'une page Web en faisant un clic droit sur la page et en sélectionnant le menu « Code source de la page ».

Doc. c Extrait des métadonnées d'un tweet

```
«id»=>14465482354176,                                    #Identifiant du Tweet
«text»=>
«Tu crois vraiment que c'est vrai ? perso j'ai vu des articles qui indiquent que non !
http://www.monsite.com/indication_que_non»,              #Contenu du tweet
"created at"=>"Wed Apr 10 23:56:41 +0000 2019",         #Date de création du tweet
«in_reply_to_usuer_id»=>ACastanet,                       #Identifiant @ de l'utilisateur à qui ré
«in_reply_to_screen_name_'=>A. Castanet,                 #Nom de l'utilisateur à qui répond l'au
«in_reply_to_status_id»=>IsalineMA,                      #Identifiant @ de l'utilisatrice qui a é
«favorited»=>true                                        #L'auteur a aimé le tweet
«user»=>
    «id»=>6253282,                                       #Identification du compte Twitter dans l
    «screen_name»=>»E. Chryssos»,                        #Nom de l'auteur du tweet
    «name»=>»E_Chryssos»,                                #Identifiant @ de l'auteur du tweet
    «description»=>
    «Ceci est ma description.»,                          #Description du profil de l'auteur du tweet
    «url»=>»https://twitter.com/E_Chryssos»,            #Adresse URL du profil
    «location»=>»Nancy, FR»,                             #Ville depuis laquelle l'auteur écrit son tweet
    «profile_background_color»=>»cldfee»,                #Thème de couleur du profil de l'auteur
    «profile_background_image_url»=>
    «https://www.nathan.fr»,                             #Image d'arrière-plan choisie par l'utilisateur pour sa page Twitter
    «profile_link_color»=>»0000ff»,                      #Pour cette catégorie et les 3 suivantes : couleurs des caractères et des
                                                         barres latérales choisis par l'utilisateurs ou par défaut
    "profile_sidebar_border_color"=>"87bc44",
    "profile_sidebar_fill_color"=>"e0f92",
    "profile_text_color"=>"000000",
    "created_at"=>"Thu June 12 14:13:51 +0000 2014"     #Date de creation du profil
    «contributors_enabled»=>true,                        #L'utilisateur permet à quelqu'un d'autre de publier des messages en son nom
    «favourites_count»=>1628,                            #Nombre de tweets favoris de l'utilisateur
    «statuses_count»=>13417,                             #Nombre de tweets écrits par l'utilisateur
    «friends_count»=>448,                                #Nombre de comptes que l'utilisateur suit
    «time_zone»=>»Paris (France)»,                       #Fuseau horaire dans lequel se trouve l'auteur
    «utc_offset»=>+3600                                  #Décalage en minute par rapport au fuseau horaire de Greenwich
```

Doc. d Les métadonnées d'une page Web

```
1  <!DOCTYPE HTML PUBLIC "-//W3C//DTD HTML 4.01 Transitional//EN">
2  <html><head>
3  <meta http-equiv="Content-Language" content="fr"> <meta name="author" content="Pierre Achethémel">
4  <meta name="category" content="software"> <meta name="DC.Creator" content="Pierre Achethémel - Mon guide">
5  <meta name="DC.Title" content="M&eacute;tadonn&eacute;es: une initiation">
6  <meta name="DC.Title.Subtitle" content="Dublin Core, IPTC, EXIF, RDF, XMP">
7  <meta name="desription" content="Techniques relatives aux métadonnées (IPTC, EXIF)">
8  <meta name="GENERATOR" content="Microsoft FrontPage 4.0">
9  <meta name="keywords" content="ressources,XML,standards informatiques">
```

Un exemple de balise meta html

Le contenu des pages Web est structuré à l'aide de balises meta, en langage HTML (langage de description de pages Web). Les différentes balises employées permettent de documenter certains aspects de chacune des pages selon différents thèmes : mots-clés, description, auteur, titre, sujet, etc.

Ces informations sont destinées à être exploitées notamment par : les navigateurs Web, les moteurs de recherche et plus largement, par tous les outils d'indexation, c'est-à-dire tous les outils qui analysent les pages pour y identifier diverses informations.

Activités

1 **Doc. a** Quelle notion présente-t-on dans ce document ? Quelle première approche a-t-on d'une métadonnée ? Qu'est-ce qu'une classification ?

2 **Doc. b** Imaginer les catégories pertinentes de métadonnées pour décrire un jeu vidéo. En quoi la présence de métadonnées permet-elle l'interopérabilité ? Illustrer par quelques exemples.

3 **Doc. c** Quelle est la nature des métadonnées nécessaires à l'envoi d'un tweet ? Qu'illustre l'image de l'iceberg associée aux métadonnées d'un tweet ?

4 **Doc. c** Quel est le nom de l'émetteur du tweet ? Est-ce obligatoirement une identité exacte ? Combien de fois ce message a-t-il été retweeté ?

5 **Doc. d** Qui est l'auteur de cette page ? Avec quel logiciel a-t-elle été créée ? Rechercher ce que signifie Dublin core.

Conclusion

Ouvrir une page Web de votre choix, afficher le code source de la page et repérer les métadonnées attachées à cette page. D'après cette analyse, ces informations vous paraissent-elles pertinentes, et à qui sont-elles destinées ?

UNITÉ 7 — Le cloud

Le *cloud computing* ou « données dans le nuage » est partout. Outil d'optimisation des services, il prend beaucoup d'ampleur dans les entreprises et se cache derrière de nombreux usages en ligne dédiés au grand public.

▶ **Qu'est-ce que le *cloud computing* et comment fonctionne-t-il ?**

Doc. a — Les cinq caractéristiques d'un cloud

Vidéo : Serge Abiteboul, chercheur à l'INRA nous parle du cloud

- **Réservoir de ressources** : Des ressources de stockage et de traitement qui s'adaptent automatiquement à la demande.
- **Accès aux services à la demande par l'utilisateur** : Mise en service et gestion des ressources déléguées à l'utilisateur.
- **Mutualisation** : Optimisation de ressources physiques par une mise en commun, favorisant l'économie d'énergie.
- **Accès réseau rapide** : Un déploiement sur la planète qui permet un accès aux ressources en moins de 50 ms.
- **Facturation à l'usage** : Généralement pas de coût de mise en service puis, une facturation relative à l'usage (volume, durée).

Doc. b — Le Cloud computing

Parole d'expert

Pour Bernard Ourghanlian, directeur technique et sécurité Microsoft France, « Le grand public utilise depuis longtemps le **cloud computing** sans le savoir. Quand on utilise son webmail, Hotmail, Gmail ou autre, on fait du cloud. Le cloud computing, c'est accéder à des ressources informatiques qui sont quelque part, à travers internet. On peut y avoir accès gratuitement, comme c'est le cas avec le webmail, ou sur abonnement, avec un niveau de service garanti ».

Source : Lexpansion.lexpress.fr

Doc. c — Services offerts par le cloud

Le cloud computing peut fournir trois modes de service auxquels s'ajoutent une simple **mise à disposition de ressources de stockage (STAAS)**.

• **Utilisation d'une infrastructure, comme d'un service. (IAAS)**
Vous louez le matériel nécessaire et vous installez, comme vous le voulez, les serveurs que vous souhaitez utiliser.

• **Utilisation d'une plateforme, comme d'un service. (PAAS)**
Vous louez une plateforme, c'est-à-dire une machine avec un système d'exploitation (OS = Operating System), le tout prêt à l'emploi pour y installer les logiciels qui vous sont nécessaires.

• **Utilisation d'un logiciel, comme d'un service. (SAAS)**
Vous utilisez un logiciel à distance : le logiciel « tourne » sur des serveurs dans des datacenters. La plupart du temps, ces logiciels s'utilisent via un navigateur Web.

Doc. d Évolution du stockage

AVANT

Pour visionner un film particulier

{ Un DVD du film ou un Blu-ray acheté ou loué et leur lecteur respectif

{ Un téléviseur

Pour stocker ses photos numériques et vidéos

{ Un ordinateur et un disque dur doté d'une capacité de stockage suffisante

MAINTENANT

Avec la VOD (vidéo à la demande) ou le streaming pour le film ; avec les bases de stockage en ligne pour les photos.

{ Un support numérique connecté à internet (tablette, ordinateur ou smartphone), sans besoin de télécharger le contenu

Vocabulaire

▶ **Rançongiciel (ransonware) :** logiciel malveillant qui prend en otage des données personnelles. Il chiffre ces données puis demande à leur propriétaire d'envoyer de l'argent en échange de la clé qui permettra de les déchiffrer.

Doc. e L'histoire du Bad Rabbit en 2017

Tapi dans une fausse mise à jour d'Adobe Flash Player, Bad Rabbit sort de son terrier en 2017. L'attaque avec ce **rançongiciel** a été menée par les hackers à partir de sites légitimes distribuant des mises à jour infectées d'Adobe Flash Player. En le lançant, les victimes installent en fait le virus. Un redémarrage forcé déclenche ensuite l'affichage du message de rançon.
Mais l'appétit destructeur de Bad Rabbit ne s'arrête pas là : il tente également de ronger le réseau local auquel le PC infecté est branché, en testant des identifiants et mots de passe couramment utilisés. Il a ainsi ravagé près de 200 organisations.

Lors de sa dernière attaque en 2017, les antivirus installés sur le cloud de Microsoft n'ont mis que 14 min pour identifier la menace et bloquer la propagation de ce virus sur les ordinateurs connectés au cloud de Microsoft.

Seuls 9 PC équipés de la protection antivirale sur le cloud ont été infectés alors qu'il y a plus d'un milliard d'appareils Windows dans le monde.

Activités

1 **Doc. a** Proposer une définition simple du concept de « cloud ».

2 **Doc. b** Lister les avantages qu'offre le stockage de vos photos sur un cloud plutôt que sur votre ordinateur et les associer aux caractéristiques d'un cloud.

3 **Doc. c** Justifier l'intérêt de ces trois modes de service selon que vous êtes une entreprise, un commerçant en ligne ou un particulier.

4 **Doc. d** Pour chacune des cellules du tableau, détailler les avantages et les inconvénients de ces deux modes d'usage.

5 **Doc. e** À partir de l'étude du document, montrer en quoi le cloud se révèle être une solution très intéressante pour la cybersécurité. Identifier de même les faiblesses des réseaux informatiques personnels (ordinateurs individuels et petits réseaux).

Conclusion

Résumer sous forme d'une carte mentale les caractéristiques d'un cloud et ses intérêts pour ses utilisateurs.

THÈME 4 | LES DONNÉES STRUCTURÉES ET LEUR TRAITEMENT | **101**

UNITÉ 8 — Enjeux éthiques et sociétaux du Big Data

L'exploitation du Big Data est en plein essor dans des domaines aussi variés que les sciences, la santé ou encore l'économie. Les conséquences sociétales sont nombreuses tant en termes de démocratie, de surveillance de masse ou encore d'exploitation commerciale des données personnelles.

▶ **Quelles peuvent être les conséquences de l'exploitation massive des données du Big Data ?**

Doc. a — Abondance de données et infobésité

Le développement du Web, l'accroissement des personnes et des objets connectés génèrent un flux considérable de données qui sont à l'origine du **Big Data**. La quantité de données se mesure désormais en zetta-octets (10^{21} octets) et même en yotta-octets (10^{24} octets). Cette surabondance d'informations multiplie les risques de propagation d'infox, notamment à cause de l'accès facile à la publication.

Source : Statistat.com

Doc. b — L'IA dans le cloud

L'intelligence artificielle (IA) est un ensemble de techniques qui permet à des machines d'accomplir des tâches et de résoudre des problèmes normalement réservés aux humains.

En janvier 2017, un logiciel baptisé Show and Tell par Google, utilisant la classification d'images disponibles sur le cloud, a réussi à détecter 90 % des taches bénignes sur la peau, contre 76 % pour les dermatologues interrogés (sur 130 000 images analysées).

« *Grâce aux ressources du cloud, l'intelligence artificielle en médecine commence à se rapprocher des performances observées avec le jeu de go* », avance-t-il. (Le jeu de go est l'un des jeux de réflexion les plus complexes du monde).

Grâce au cloud, l'intelligence artificielle promet de bouleverser les tâches et les usages du diagnostic médical.

Doc. c — Big data et économie collaborative

L'usage du Big Data fait muter l'économie vers des modèles collaboratifs. Ceux-ci ont des effets manifestes tel le phénomène d'ubérisation. Ainsi en termes de croissance, les modèles collaboratifs permettent d'augmenter le taux d'utilisation des actifs (ex. : louer sa chambre vacante grâce à Airbnb) et de diversifier l'offre (ex. : proposer de services de transports à des tarifs attractifs comme Uber). L'économie numérique fait disparaître certains emplois, mais est aussi à l'origine d'emplois non-salariés.

Doc. d Big data et fuites de données personnelles (les data leaks)

En janvier 2018, un journaliste du Tribune News Service a payé 500 roupies à un anonyme sur WhatsApp pour obtenir les identifiants d'accès à un service. Ce service lui a permis d'entrer n'importe quel numéro Aadhaar, un identifiant unique à 12 chiffres assigné à chaque citoyen indien. De cette manière, il a été en mesure de récupérer de nombreuses informations sur n'importe quel citoyen et stockées sur le UIDAI (Unique Identification Authority of India). Parmi les informations exposées figuraient les noms, adresses, photos, numéros de téléphone et adresses courriel des citoyens. Pour 300 roupies supplémentaires, le journaliste a obtenu l'accès à un logiciel permettant d'imprimer une carte d'identité correspondant à n'importe quel numéro Aadhaar.

D'après Lebigdata.fr

LOI

Depuis le 25 mai 2018, le Règlement Général sur la Protection des Données ou RGPD a renforcé la protection des données personnelles dans l'espace européen. Il oblige toutes les entreprises et les administrations à s'aligner sur sa directive concernant la gestion des données personnelles qu'ils amassent.

Doc. e Le grand gâchis énergétique

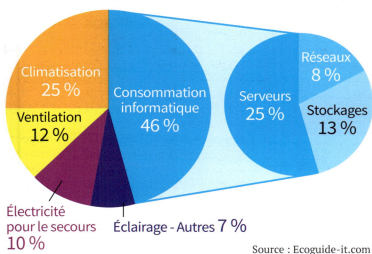

RÉPARTITION DES CONSOMMATIONS D'UN DATACENTER
- Climatisation 25 %
- Ventilation 12 %
- Électricité pour le secours 10 %
- Éclairage - Autres 7 %
- Consommation informatique 46 %
- Serveurs 25 %
- Réseaux 8 %
- Stockages 13 %

Source : Ecoguide-it.com

Dans un article publié sur le journal du CNRS, des chercheurs dénoncent la pollution invisible du net. Ils pointent un *« mode de fonctionnement peu optimisé et très énergivore »*. Les chiffres parlent d'eux-mêmes, les *« ordinateurs, datacenters, réseaux… engloutissent près de 10 % de la consommation mondiale d'électricité soit près de 4 % de nos émissions de gaz à effet de serre »*. Un chiffre en constante augmentation : *5 à 7 % d'augmentation tous les ans*.

> **Si l'on considère la totalité de son cycle de vie, le simple envoi d'un mail d'1 mégaoctet (1 Mo) équivaut à l'utilisation d'une ampoule de 60 watts pendant 25 minutes, soit l'équivalent de 20 grammes de CO_2 émis.**

 **Lien 4.07 :** un datacenter green à Grenoble

Activités

ITINÉRAIRE 1
À l'aide de ces documents et de recherches sur internet, développer un argumentaire à propos des bienfaits que peuvent apporter la mise en place et l'exploitation des données.

ITINÉRAIRE 2
À l'aide de ces documents et de recherches sur internet, développer un argumentaire à propos des inconvénients que peuvent apporter la mise en place et l'exploitation des données.

Conclusion
Réaliser un débat contradictoire et argumenté entre le groupe d'élèves suivant l'itinéraire 1 et celui suivant l'itinéraire 2.

LE MAG' DES SNT

Capture d'écran du logiciel Second Spectrum

👁 Grand angle

Le Big Data s'engage sur le terrain des sports de haut niveau… et marque des points. Outre-Atlantique, l'analyse de données en sports collectifs est le nouveau must. Les joueurs professionnels de basket-ball de la NBA s'entraînent sur des terrains connectés qui permettent de localiser chaque joueur au cours du match.

Grâce au logiciel Second Spectrum, l'entraîneur peut ainsi suivre les performances individuelles et les constantes physiologiques de chaque joueur ; et au besoin, ajuster la stratégie de jeu. Cela génère de très grandes quantités de données stockées dans le cloud et constituant ainsi de véritables banques de données sur chaque joueur et sur les épreuves sportives elles-mêmes.

> **Du numérique pour décrypter l'humain**

« Ces technologies représentent une véritable aide à l'optimisation des performances de chaque joueur, et participent aussi au choix du schéma tactique par l'entraîneur », explique Philippe Dardelet, directeur de l'unité Sport Business au sein du cabinet de conseil Deloitte. « Ils lui permettent d'anticiper le passage de l'entraînement à la compétition, et de prévoir les risques de blessures de chaque joueur ». L'analyse de données permet même d'aller plus loin : « Il est théoriquement possible d'analyser la résistance au stress des différents joueurs, et d'identifier les groupes de joueurs à faire entrer en fin de match, lorsque l'enjeu stratégique est grand », poursuit Reda Gomery, responsable Data & Analytics chez Deloitte.

VOIR !
Matrix

Neo, informaticien lambda le jour et hacker la nuit, est assailli de rêves perturbant les lois du réel. La réalité perçue par les humains est en fait une simulation virtuelle appelée la « Matrice ». Pour y accéder, on branche le cerveau directement aux machines. L'ensemble de la conscience est téléchargé sur ce monde parallèle, une sorte de cloud créé par des machines douées d'intelligence. La population humaine est asservie à la Matrice : on utilise la chaleur et l'activité électrique des corps comme source d'énergie pour l'alimenter. **Si on les laisse maîtriser les données, elles maîtriseront le monde**.

104

ET DEMAIN ?

Le Big Data est en train de bouleverser tous les secteurs de la vie économique et sociale. Les géants du Web, en particulier Facebook et Google, établissent leur monopole sur la valeur des données personnelles qu'ils récoltent massivement. Officiellement, ils les sauvegardent pour améliorer nos échanges ; officieusement, les dérapages dans l'utilisation de nos données et les intrusions dans notre vie privée existent déjà et ne peuvent qu'empirer. Faut-il rejoindre l'opinion libérale et monétiser l'utilisation de ses données, ou soutenir la directive de la RGPD qui tente de responsabiliser les plateformes de diffusion ?

> **Le pouvoir de données**

Nous devrions être les seuls à accéder à nos données personnelles, cependant elles doivent pouvoir être utilisées d'une certaine manière pour faire progresser la science, la santé et bien d'autres domaines. Le Big Data donne naissance à de belles innovations, et particulièrement lorsqu'il est associé à l'intelligence artificielle qui a un besoin toujours grandissant de données. Les algorithmes capables de l'analyser en partie bouleversent nos quotidiens. Ils sont en voie de sauver des vies, mais comblent déjà inopinément d'autres aspects de la vie humaine grâce au marché de l'assistanat personnel. Imaginez pouvoir programmer quelqu'un pour vous comprendre, vous servir et même anticiper vos besoins ! Les réelles ambitions des géants du Web restent encore secrètes, mais quelques indices transparaissent. Pour nourrir ses algorithmes et développer ses capacités, Apple rachète 20 à 30 sociétés par an.

MÉTIER

DATA SCIENTIST

Brice vous parle de son métier

« [Un data scientist] est capable de donner du sens à un gros volume de données. Dans un premier temps, il analyse les données qu'il peut utiliser. Pour cela, il réalise des statistiques, des graphiques… Puis il propose une application de ces données (comment peuvent-elles être utilisées ? À quelle fin ?), généralement en collaboration avec des profils plus spécialisés business. Il cherche ensuite à concevoir l'application, à la modéliser en créant un algorithme qui sera intégré dans un logiciel. L'objectif est de remplacer une tâche fastidieuse et chronophage par une activité simple, rapide et permettant de gagner en qualité.
Le métier est en quelque sorte dans la "hype" de l'intelligence artificielle. »

Source : Cidj.com

En bref

1

ADN ET BIG DATA

Les résultats des tests ADN stockés sur les bases de données publiques de généalogie comme GEDmatch permettent désormais d'identifier 60 % de la population des États-Unis.
La recherche d'ADN familiale consiste à rechercher des correspondances partielles entre un échantillon d'ADN et une famille. Si 2 % de la population fournissait ces données, il serait possible d'identifier tous les États-Uniens.

2

MESURER SA TRACE NUMÉRIQUE

Il est possible de mesurer sa trace numérique personnelle grâce au site myshadow.org

 Lien 4.08

3

LE FACT CHECKING

Mode de traitement journalistique qui s'impose en France depuis une dizaine d'années, la « vérification des faits » désigne un mode de traitement consistant à vérifier de manière systématique des affirmations de responsables politiques ou des éléments du débat public en temps réel (ou direct).

BILAN

Les notions à retenir

▼

DONNÉES ET INFORMATIONS
Une donnée est une valeur décrivant un objet, une personne, un événement. Plusieurs descripteurs peuvent décrire un seul objet. Une collection regroupe des objets partageant les mêmes descripteurs. La structure de table permet de présenter une collection, les données sont alors dites structurées. Les données sont stockées dans des fichiers. À tout fichier sont associées des métadonnées qui permettent d'en décrire le contenu.

ALGORITHMES + PROGRAMMES
La recherche de données se fait, soit à partir de leurs métadonnées, soit à partir d'une indexation textuelle, imagée ou sonore.
Une table de données peut faire l'objet de différentes opérations pour transformer les données en information. Les algorithmes rendent possible le croisement de collections immenses.

MACHINES
Les fichiers de données sont stockés sur des supports de stockage : internes ou externes, locaux ou distants qui présentent chacun des avantages et des inconvénients. Les bases de données sont généralement implémentées dans des centres de données. Ces datacenters sont énergivores et car ils doivent être alimentés en électricité et climatisés.

IMPACTS SUR LES PRATIQUES HUMAINES
L'évolution des capacités de stockage, de traitement et de diffusion nous a mené à une surabondance des données. L'exploitation du Big Data est en plein essor et sert des domaines variés, mais impacte aussi l'environnement. Les données ouvertes (OpenData) sont libres d'utilisation, ce qui encourage la créativité collaborative. Mais l'usurpation des données personnelles menace la liberté des usagers.

Les mots-clés
- Base de données
- Descripteurs
- Métadonnées
- Big Data
- Cloud Computing
- Datacenter
- Format libre/ouvert

LES CAPACITÉS À MAÎTRISER

▶ Distinguer la valeur d'une donnée et identifier les différents descripteurs d'un objet.

▶ Identifier les principaux formats et représentations de données, réaliser des opérations diverses.

▶ Retrouver les métadonnées d'un fichier personnel.

▶ Utiliser un site de données ouvertes, pour sélectionner et récupérer des données.

▶ Paramétrer des modes de synchronisation de fichiers.

L'essentiel en image

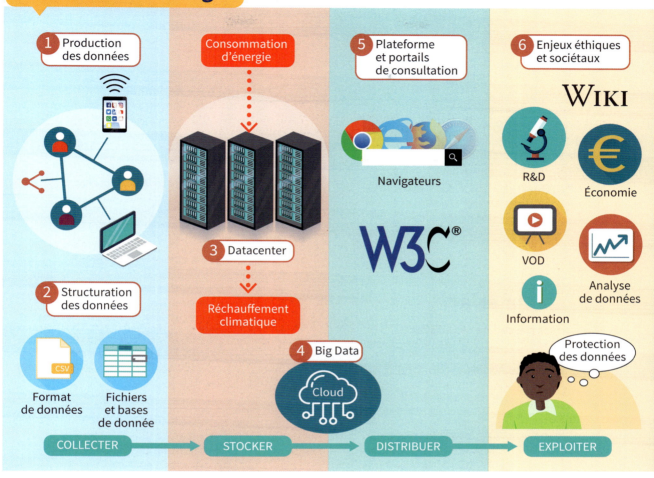

Des comportements RESPONSABLES

Protéger sa vie privée sur internet
Utiliser des mots de passe efficaces, surveiller toute tentative d'usurpation d'identité et séparer usage privé et professionnel.

Réduire ses traces numériques
Surveiller son identité numérique, ne diffuser que le strict nécessaire, refuser les cookies.

Ne pas abuser de l'usage d'internet
Ne pas imprimer inutilement, stocker localement, vider ses corbeilles numériques.

EXERCICES

Se tester

• VRAI OU FAUX •

1. Le Big Data est un ensemble de disques durs de très grande capacité.
2. Une base de données ne peut pas contenir plus de 1024 enregistrements.
3. Enregistrer ses photographies dans son smartphone consomme moins d'énergie que de les stocker sur un cloud.
4. CSV est un format de fichier de données.
5. Toutes les méthodes de tri de données ont la même efficacité.

QCM
Plusieurs réponses possibles.

7. Dans une base de données :
a. Plusieurs enregistrements peuvent être identiques ;
b. Il est possible d'effacer un enregistrement ;
c. Les données sont rangées par ordre alphabétique ;
d. Il est illégal d'enregistrer le nom d'une personne.

8. Le RGPD :
a. Est un règlement de l'Union européenne ;
b. Ne concerne que les pays européens ;
c. Est entré en application le 25 mai 1905 ;
d. Traite de la circulation des données à caractère personnel.

9. Une donnée à caractère personnel :
a. Peut être librement diffusée par votre prestataire d'accès internet ;
b. Concerne votre vie privée ;
c. Ne peut être enregistrée dans une base de données ;
d. Est rectifiable à votre demande.

• RELIER •

6. Catégoriser chacun de ces supports de stockage.

Carte microSD •
Disque Blu-ray •
Cloud •
Disque dur •
Drop Box •
DVD •

• Support de stockage externe
• Support de stockage interne
• Support de stockage distant

QUIZ

10. Chercher les intrus dans la liste suivante :
Tris, Descripteur, PDF, Champ, Table, Traitement de texte, .CSV.

11. Compléter le texte suivant :
L'ensemble structuré des informations qui décrivent une ressource (article, photographie, tweet, etc.) sont appelées …. Ce sont des données sur les …. Pour une …, elles peuvent indiquer la localisation et l'appareil utilisé, pour le texte elles indiquent souvent au moins son ….

12. À partir de l'image ci-dessous, déterminer à quel mode d'infrastructure (IAAS, PASS, SAAS) appartient chaque élément relié au cloud.

Corrigés p. 202

Exercice guidé

13. Population française

L'INSEE (Institut National de la Statistique et des études économiques) est chargé de produire des analyses statistiques officielles en France. Il a mis à jour la base de recensement de la population en 2018.

	Code département	Nom du département	Code région	Nombre d'arrondissements	Nombre de cantons	Nombre de communes	Population municipale	Population totale
1								
2	01	Ain	84	4	23	407	638 425	655 171
3	02	Aisne	32	5	21	804	536 136	549 587
4	03	Allier	84	3	19	317	339 384	349 336
5	04	Alpes-de-Haute-Provence	93	4	15	198	162 565	167 331
6	05	Hautes-Alpes	93	2	15	163	141 107	146 148
7	06	Alpes-Maritimes	93	2	27	163	1 083 704	1 098 539
8	07	Ardèche	84	3	17	339	325 157	334 591
9	08	Ardennes	44	4	19	452	275 371	283 004
10	09	Ariège	76	3	13	331	153 067	158 205
11	10	Aube	44	3	17	431	308 910	316 639
12	11	Aude	76	3	19	436	368 025	377 580
13	12	Aveyron	76	3	23	285	278 697	289 481
14	13	Bouches-du-Rhône	93	4	29	119	2 019 717	2 047 433
15	14	Calvados	28	4	25	537	693 679	709 715
16	15	Cantal	84	3	15	247	145 969	151 615
17	16	Charente	75	3	19	381	353 288	365 697
18	17	Charente-Maritime	75	5	27	466	642 191	660 458
19	18	Cher	24	3	19	290	307 110	315 100

Extrait de la table des départements issue de la base

	Code région	Nom de la région	Population totale
1			
2	84	Auvergne-Rhône-Alpes	8 104 357
3	27	Bourgogne-Franche-Comté	2 900 558
4	53	Bretagne	3 404 015
5	24	Centre-Val de Loire	2 645 792
6	94	Corse	335 995
7	44	Grand Est	5 674 357
8	01	Guadeloupe	400 170
9	03	Guyane	271 829
10	32	Hauts-de-France	6 110 588
11	11	Île-de-France	12 258 425
12	04	La Réunion	862 814
13	02	Martinique	382 294
14	28	Normandie	3 420 995
15	75	Nouvelle-Aquitaine	6 092 505
16	76	Occitanie	5 944 715
17	52	Pays de la Loire	3 838 856
18	93	Provence-Alpes-Côte d'Azur	5 103 573

Extrait de la table des régions issue de la base

Aides

- Les descripteurs d'une table sont les catégories communes à tous les enregistrements.
- Tous les enregistrements d'une table doivent posséder au moins une caractéristique qui leur est propre.
- Une table regroupe une collection d'information décrivant des objets similaires, c'est-à-dire ayant des descripteurs communs, une base de données est souvent composée de plusieurs tables.

1. Énoncer les différents descripteurs caractérisant une région.

2. Comment sont classés les enregistrements de la table départements ?

3. À quelle région appartient le département de l'Ain ?

4. Pourquoi les informations figurant dans ces deux tables ne sont-elles pas regroupées sur une seule table dans cette base de données ?

Dans la base des communes de France, l'identifiant unique ne peut être le nom de la commune : en effet il existe deux communes nommées Avoine, l'une dans la région Centre-Val de Loire et l'autre en Normandie !

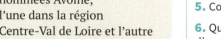

▶ Rechercher d'autres communes dans le même cas.

5. Combien de tables cette base de données comporte-t-elle ?

6. Quelle est la table comportant le plus grand nombre d'enregistrements ? Quel est ce nombre, et à quoi correspond-il ?

7. Dans quel département se situe la commune de Trélévern et quelle est sa population ?

8. Quels sont la région, le département et la commune le plus et le moins peuplés ? Pour identifier de manière unique une commune, peut-on utiliser son nombre d'habitants et pourquoi ? Citer un exemple.

9. Rechercher sur data.gouv une base de l'ensemble des gares ferroviaires de France. Combien existe-il de gares en France ?

Télécharger la base de données « ensemble.xls »

EXERCICES

S'entraîner

14. Une méthode de tri totalement inefficace !

```
1     from random import shuffle         # importation de la fonction mélange
2
3     #--------------- fonction de vérification de l'ordre d'une liste ---------------------
4     def verification_tri(L):
5         """ Fonction renvoyant VRAI si la liste L est rangée
6         cette fonction compare un à un les éléments de la liste avec celui qui le précède """
7         triee=True                      # on suppose la liste L initiale triée
8         precedent=0                     # precedent initialisé à 0
9         for n in L:                     # pour tour les éléments de la liste L
10            if n<precedent:             # si un élément est inférieur à celui qui le précède
11                triee=False             # triee devient FAUX
12            precedent=n                 # l'élément devient le précédent avant d'examiner le suivant
13        return triee                    # la fonction renvoie VRAI ou FAUX suivant les cas
14
15    #--------------- tri d'une liste----------------------------------------------
16    Liste=[......]                      # liste initiale
17    rangee=False                        # la liste n'est pas rangée
18    compteur=0                          # compteur du nombre de mélanges effectués
19    while not rangee:                   # tant que la liste n'est pas rangée
20        shuffle(Liste)                  # mélange de la liste
21        rangee=verification_tri(Liste)  # vérification de l'ordre des éléments de Liste
22        compteur=compteur+1             # on augmente le nombre de mélanges effectués de 1
23    print('liste :',Liste,'triée après : ',compteur,' mélanges')    # affichage du résultat
```

⟩ **Extrait du script Python « tri_melange.py »**

▶ Compléter la liste de la ligne 16, du script, avec 6 entiers positifs différents placés dans un ordre quelconque.

Télécharger le script Python « tri_melange.py »

1. Exécuter ce script à plusieurs reprises. Le nombre de « mélanges » avant d'obtenir une liste triée est-il constant et pourquoi ?

2. Ajouter un entier à la liste. Que constatez-vous quant au nombre de mélanges effectués avant d'obtenir une liste triée ?

3. Expliquer le rôle de l'instruction : *precedent=n*.

4. Pourquoi qualifier ce tri d'inefficace ?

15. À vos manettes !

▶ Proposer une liste de descripteurs d'une manette de jeu. Construire un tableau dont chaque colonne correspond à un descripteur et remplir ce tableau avec une ligne pour chaque manette présentée ci-contre.

16. Une base de plusieurs tables

▶ Imaginer une base de données comportant plusieurs tables.

1. Décrire cette base de données en précisant pour chaque table les champs décrivant les enregistrements figurant dans chaque table.
Quelques pistes : une bibliothèque, les Pokémon, les séries TV …

2. Comment procéder pour rechercher une information à travers toutes ces tables ?

17. Métadonnées d'un texte

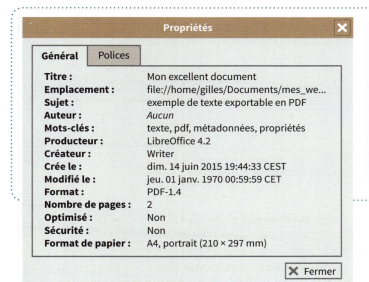

1. Identifier le format du fichier.

2. Avec quel logiciel ce fichier a-t-il été créé ?

3. Est-il possible d'inscrire votre nom comme auteur ?

4. Ouvrir un fichier de ce type et décrire le rôle des informations que vous trouverez dans l'onglet polices.

5. Créer un fichier texte et l'exporter dans ce format de fichier en renseignant les métadonnées de votre document.

18. Empreinte carbone du mail

▶ Qu'est-ce qui est le plus écologique : un SMS, un mail ou un message de messagerie instantanée ?

Compléter le tableau suivant à l'aide de recherches croisées sur différents sites dont e-rse.net.

Lien 4.09 : e-rse.net

Noter le site source de votre information en bas de tableau.

Coût énergétique	SMS	Mail	Messagerie instantanée
Texte simple			
Texte avec photo			
Équivalent énergétique (durée de fonctionnement d'une ampoule)			
Source de l'information			

THÈME 4 | LES DONNÉES STRUCTURÉES ET LEUR TRAITEMENT

THÈME 5
Localisation, cartographie et mobilité

En orbite autour de la Terre, les satellites sont un outil essentiel des systèmes de géolocalisation et de cartographie. Les données qu'ils récoltent et transmettent permettent aujourd'hui d'être localisable en tout point de la surface du globe avec une précision impressionnante. En observant le ciel, on peut tenter d'apercevoir l'un des satellites qui sont situés au-dessus de nos têtes.

Représentation d'un satellite du système Galileo

1 cm !

1 m est la précision de géolocalisation obtenue grâce au GPS (Global Positioning System, système de géolocalisation par satellite) classique. Avec le DGPS (GPS corrigé par ondes radio), on arrive à 1 cm de précision seulement ! Le DGPS ou GPS différentiel, utilisé dans l'agriculture et l'aviation, sera le système utilisé pour les véhicules autonomes.

Doc. a Différents rendus de la Cité Soleil, un quartier de Port-au-Prince (Haïti), à partir des données d'OpenStreetMap

Vidéo-débat

Doc. b Vos données valent de l'or

▶ Un smartphone peut transmettre les données de géolocalisation à autrui. Comment ces données peuvent-elles être utilisées ?

D'abord réservée aux usages militaires, la géolocalisation s'est démocratisée, en particulier pour l'automobile, mais aussi très rapidement avec l'essor des smartphones. Principalement dédiée aux questions de mobilité dans le domaine public, elle a de nombreuses autres applications pour les entreprises, les États et les particuliers.

La numérisation systématique des cartes depuis le XXe siècle apporte de nouveaux usages et techniques. Les cartes numériques donnent accès à de nombreuses informations qui facilitent le quotidien. Grâce aux sites collaboratifs, leur possibilité d'évolution est sans limite. Néanmoins, leur utilisation soulève certaines questions d'ordre éthique, commercial et sécuritaire.

Doc. c La géolocalisation au service de tous

Lancement du premier satellite NAVSTAR, préalable du système GPS américain.
1973

1983
Ouverture de l'exploitation des informations satellitaires à usage civil.

Commercialisation du premier récepteur GPS portatif.
1989

1996
Lancement du système russe GLONASS, suivi en 2000 par Beidou (chinois).

Lancement du projet GPS européen, Galileo, pour concurrencer les systèmes américain, chinois et russe.
2000

2004
Apparition d'aides à la navigation grand public pour l'automobile.

THÈME 5 | LOCALISATION, CARTOGRAPHIE ET MOBILITÉ

UNITÉ 1 — De la donnée à la carte numérique

La cartographie est essentielle pour de nombreuses activités : agriculture, urbanisme, tourisme, transports, archéologie, etc. Nous utilisons de plus en plus de cartes numériques, accessibles sur de nombreux supports numériques.

Quelles sont les particularités des cartes numériques ?

Représentation des données sur une carte numérique

Doc. a Les coordonnées géographiques d'un point

Tout point à la surface de la Terre est déterminé par ses **coordonnées géographiques** (la latitude et la longitude) et par son altitude (élévation par rapport au niveau de la mer).

L'ensemble de ces trois notions, auquel on ajoute le centre de la Terre, est le système **géodésique WGS84**. Il est utilisé comme système de référence mondial pour déterminer les positions sur la Terre par les systèmes GPS dont nous parlerons plus loin, mais il en existe d'autres.

Il existe plusieurs notations de l'écart par rapport à l'équateur ou au méridien de Greenwich.

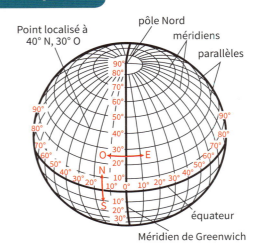

Doc. b Notations des coordonnées géographiques

Les coordonnées géographiques sont exprimées selon une notation **sexagésimale** : angle en degrés (°), minutes ('), secondes ('') (DMS) mesuré à la surface d'une sphère de référence (sphère géodésique).

Différentes notations des unités pour les latitudes et longitudes	Exemple pour l'Hôtel de ville de Paris
En degrés, minutes, secondes sexagésimaux (° ' ")	48° 51' 24" nord, 2° 21' 07" est
En degrés décimaux (°)*	48,856448° nord, 2,352197° est

*Degrés décimaux = degrés + (minutes/60) + (secondes/3 600)

Doc. c Représentation d'une donnée sur une carte numérique

Les données peuvent être représentées de deux manières :
- Les **rasters** (ou couches matricielles) se présentent sous forme d'images qui sont positionnées par leurs coordonnées dans l'espace. L'image est divisée en pixels. Une valeur est associée à chaque pixel.

Typiquement, les images qui servent de fond de carte sont des données de type raster. En zoomant suffisamment, les pixels deviennent visibles, sauf si une image se charge lors du changement d'échelle.
- Les **vecteurs**, objets géométriques (points, lignes, polygones), sont repérés eux aussi par leurs coordonnées géographiques. Ces objets sont affichés sans pixélisation à toutes les échelles.

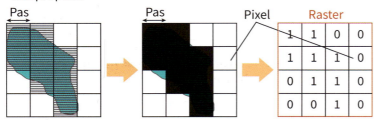

114

Échelles sur carte numérique

Doc. d Un exemple d'accès à des cartes numériques : Géoportail

Le Géoportail, mis en œuvre par l'IGN (Institut National de l'Information Géographique et Forestière) a pour vocation de faciliter l'accès pour le public à des données géographiques. Les données proposées sont des données publiques.

Carte géologique et routes aux coordonnées :
49°14'14''N, 2°08'06''E – Échelle : 1 :500 000

Carte géologique et routes aux coordonnées :
49°14'14''N, 2°08'06''E – Échelle : 1 :25 000

Point info !

Un point peut aussi être localisé par ses **coordonnées cartographiques**. L'écart par rapport à l'équateur ou au méridien de Greenwich correspond à une distance en mètre sur un plan qui est la carte.

Vocabulaire

▶ **Sexagésimal :** système de numération de base 60. C'est le système utilisé pour le temps et pour les angles : il faut 60 secondes pour 1 minute. Il faut 60 minutes pour 1 degré. Les degrés décimaux fonctionnent sur une base 10.

▶ **Géodésie :** science étudiant la forme et la mesure des dimensions de la Terre.

Fiche à télécharger :
« Utiliser Géoportail pour afficher des données »

Lien 5.01 : geoportail.gouv.fr

Activités

1 **Docs a et b** Convertir les coordonnées sexagésimales du point 48° 55' 28" N, 2° 21' 35" E en coordonnées décimales. Donner le nom du lieu ainsi repéré.

2 **Doc. d** Rechercher les coordonnées géographiques de votre établissement scolaire dans le Géoportail. Afficher successivement pour la zone de votre établissement scolaire : la carte géologique, les routes, les collèges et lycées. Justifier leur intérêt.

3 **Doc. d** À partir du document d ou de votre utilisation du Géoportail, noter les transformations qui se produisent pour la carte géologique et pour les routes lors d'un changement d'échelle du 1:25 000 et au 1:500 000.

4 **Docs c et d** Identifier les données raster et vecteur parmi les données de la question 2.

5 **Doc. d** Dans le Géoportail, afficher la carte des pentes pour l'agriculture ainsi que les cours d'eau (réseau hydrographique) au niveau de Méru (60110) à l'échelle 1:250 000. Identifier un facteur expliquant la présence des pentes supérieures à 10 %. En déduire l'intérêt de pouvoir superposer ainsi les cartes.

Conclusion

Quels sont les avantages des cartes au format numérique par rapport aux cartes sur papier ?

THÈME 5 | LOCALISATION, CARTOGRAPHIE ET MOBILITÉ | 115

UNITÉ 2
PROJET en binôme

Les données géolocalisées

Les cartes numériques représentent une quantité d'informations géolocalisées considérable, contenues dans des bases de données. Elles sont exploitables grâce à un Système d'Information Géographique (SIG).

OBJECTIF Comment exploiter les bases de données géolocalisées ?

Doc. a Extrait de la base de données des établissements scolaires en France

Code v©tabli	Appellation c	D©nominat	Patronyme	Secteur Publi	Adresse	Lieu dit	Boite postale	Code postal	Localite d'act	Commune	Coordonnee	Coordonnee	EPSG	Latitude	Longitude
04600155	Coll®ge Jean	COLLEGE	JEAN MONNI	Public	ROUTE DE ST BRESSOU		14	46120	LACAPELLE M	Lacapelle-Ma	617401.6	6402554.1	EPSG:2154	44.7172011	1.9570232
0510188C	Ecole v©lv©	ECOLE ELEMENTAIRE PUBL	Public	26 faubourg de Paris			51210	MONTMIRAIL	Montmirail	739423.7	6863884.0	EPSG:2154	48.8737727	3.5374811
0510297W	Ecole primair	ECOLE PRIMAIRE PUBLIQUI	Public	22 GRANDE RUE			51500	CHAMPFLEU	Champfleury	774170.1	6900351.7	EPSG:2154	49.1985884	4.0175612
0510369Z	Ecole matern	ECOLE MATE SAINT EXUPE	Public	Rue Jean PV©rard			51400	MOURMELOI	Mourmelon-le	799400.8	6893759.4	EPSG:2154	49.1359087	4.3620886
0510603D	Ecole matern	ECOLE MATE LAVOISIER	Public	5 rue Lavoisier			51000	CHALONS EN	ChVčlons-en-	799388.9	6875328.4	EPSG:2154	48.9702116	4.3575838
0510616T	Ecole matern	ECOLE PRIMAIRE PUBLIQUI	Public	22 rue de Champagne			51520	LA VEUVE	La Veuve	796334.4	6881952.7	EPSG:2154	49.0302341	4.3173787
0510633L	Ecole matern	ECOLE MATE DOULCET	Public	9 boulevard Anatole France			51000	CHALONS EN	ChVčlons-en-	800375.8	6874078.4	EPSG:2154	48.9588196	4.3707611
0510780W	Ecole matern	ECOLE MATERNELLE PUBLI	Public	34 rue Saint Louvent			51300	FRIGNICOURT	Frignicourt	816894.9	6846091.9	EPSG:2154	48.7043859	4.5886104
0510915T	Ecole matern	ECOLE MATE LANGEVIN	Public	27 rue du Professeur Langevin			51200	EPERNAY	Epernay	769564.7	6883027.9	EPSG:2154	49.0435591	3.9515209
0511003N	Ecole primair	ECOLE PRIMAIRE PUBLIQUI	Public	14 rue Jules Ferry			51700	IGNY COMBL	Igny-Comblizy	752195.6	6880172.1	EPSG:2154	49.0193286	3.7136047
0511033W	Ecole matern	ECOLE MATE LES TILLEULS	Public	Avenue Charles de Gaulle			51510	FAGNIERES	Fagniv®res	796518.4	6874406.2	EPSG:2154	48.9623575	4.3181718
0511299K	Ecole v©lv©	ECOLE ELEMENTAIRE PUBL	Public	Rue des Ecoles			51390	GUEUX	Gueux	766456.7	6905816.9	EPSG:2154	49.2263322	4.0087203
0511445U	Ecole matern	ECOLE MATE GALILEE	Public	80 rue Newton			51100	REIMS	Reims	773486.3	6903429.2	EPSG:2154	49.2023883	4.0982553
0511484L	Ecole matern	ECOLE ELEME DESBUREAUX	Public	27 rue Desbureaux			51100	REIMS	Reims	774964.1	6908653.1	EPSG:2154	49.2731186	4.0299385
0511498B	Ecole matern	ECOLE MATERNELLE PUBLI	Public	7 rue de la Vesle			51500	SILLERY	Sillery	782679.2	6900616.1	EPSG:2154	49.1433694		
0511554M	Ecole matern	ECOLE MATERNELLE PUBLI	Public	3 bis rue Cazotte			51530	PIERRY	Pierry	768805.8	6880349.7	EPSG:2154	49.0193609	3.9407050
0511615D	Ecole primair	ECOLE MATE		Public	Rue des Ecoles			51370	CHAMPIGNY	Champigny	770776.0	6907896.1	EPSG:2154	49.2466791	3.9727580
0511686F	Ecole primair	ECOLE PRIMA CAMILLE PAL	Public	94 rue de Choiset			51300	LOISY SUR M	Loisy-sur-M	813383.8	6852061.8	EPSG:2154	48.7586959	4.5424912
0511695R	Ecole v©lv©	ECOLE ELEME EUROPE ADR	Public	13 rue de l'Adriatique			51100	REIMS	Reims	777538.0	6906033.2	EPSG:2154	49.2492617	4.0648120
0512001Y	Ecole v©lv©	ECOLE ELEME		Public	3 rue Saint Laurent			51170	COURLANDO	Courlandon	753569.1	6912849.5	EPSG:2154	49.3129907	3.7365489
0512020U	Ecole matern	ECOLE MATE DU MASSIF	Public	3 RUE DR JACQUES DE MONTREMY			51220	MERFY	Merfy	768978.0	6911075.0	EPSG:2154	49.2955626	3.9481027

Producteur

MINISTÈRE DE L'ÉDUCATION NATIONALE ET DE LA JEUNESSE

⟩ Les données au format .csv

Lien 5.02 : télécharger la base de données

Doc. b Une plateforme collaborative de cartes numériques : OpenStreetMap

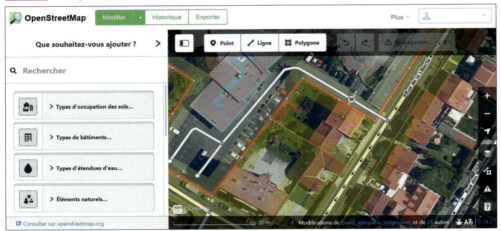

OpenStreetMap est une plateforme de cartographie lancée en juillet 2004 par Steve Coast de l'*University College* de Londres. La base de données est alimentée par une communauté de contributeurs.
Les données sont ouvertes (***open source***), c'est-à-dire utilisables par tout type d'utilisateurs. La seule condition exigée est de faire référence à la source des données.

Doc. c Les « Pages jaunes », un autre exemple de base de données géolocalisées

Sur le site Web des Pages Jaunes ou celui de Google My Business par exemple, les professionnels peuvent gratuitement indiquer quelques informations sur leur commerce. Les utilisateurs pourront donc le retrouver, y compris par une recherche géographique.

Recherche de cabinet de dentistes à Méru dans les Pages Jaunes ⟩

116

Doc. d Les composantes d'un système d'information géographique

Les **SIG** sont des logiciels informatiques conçus pour saisir, stocker, gérer et afficher tous les types de données géolocalisées. À chaque objet est attribuée une fiche contenant des données de type alphanumérique (nom, adresse, descriptif, historique, actualité, etc.). Toutes les données correspondant à un même thème prennent la forme d'une couche, où les informations sont associées à une forme de représentation (raster ou vecteur).
Le logiciel permet la saisie des informations géographiques et la gestion de la base de données. L'interface entre le logiciel et l'utilisateur va permettre à ce dernier d'interroger la base de données en faisant une recherche par différents critères. Elle permet aussi de mettre en forme les réponses pour les afficher de manière compréhensible. Les données de thèmes différents sont affichées comme des couches superposées, qui peuvent ainsi être mises en relation.

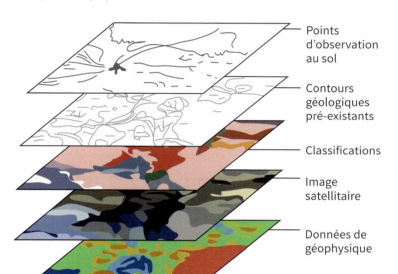

- Points d'observation au sol
- Contours géologiques pré-existants
- Classifications
- Image satellitaire
- Données de géophysique

Doc. e Simulation du fonctionnement d'un SIG

Pour comprendre les opérations réalisées par une carte numérique lors de l'affichage de données, on réalise une simulation dans laquelle un utilisateur, un logiciel et une base de données doivent interagir pour aboutir à l'affichage souhaité.

Fiche à télécharger : « Simulation du fonctionnement d'une carte numérique »

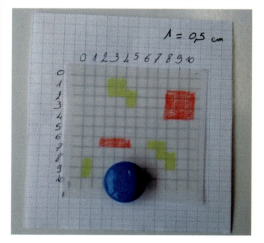

 Activités

1 Doc. a Quelles sont les différentes données associées à chaque point ?

2 Doc. a En utilisant la fonction « rechercher » du tableur, trouver dans le fichier les coordonnées de votre établissement scolaire.

3 Doc. a En utilisant la fonction « rechercher » du tableur, trouver le nom de l'établissement scolaire se trouvant aux coordonnées 48.93476755397204, 2.3403515460470468.

4 Doc. b Proposer une contribution dans OpenStreetMap à proximité de votre établissement scolaire : ajouter une donnée géolocalisée (espaces verts, sens de circulation, etc.).

5 Doc. b Imaginer les conséquences possibles d'une erreur volontaire ou non dans la saisie des informations.

6 Docs a à c Identifier les sources des données présentées dans les différents documents.

▶ Réaliser la simulation proposée et noter les différentes questions que la carte numérique (interface + base de données) a dû gérer.

Fiche à télécharger : « Construire une carte numérique »

THÈME 5 | LOCALISATION, CARTOGRAPHIE ET MOBILITÉ | 117

UNITÉ 3 — La géolocalisation des données numériques

Les informations des cartes numériques ont des origines très diverses, mais elles ont la particularité d'être toutes localisées géographiquement : elles sont géolocalisées.

▶ **Comment les données des cartes numériques sont-elles géolocalisées ?**

Principe de la géolocalisation

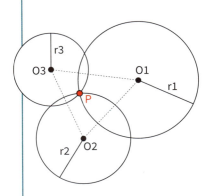

Doc. a La triangulation, ou comment se géolocaliser avec trois repères

Dans la **triangulation**, on détermine sa position (P) par rapport à trois points de repère (au moins), de position connue. Pour cela, il faut déterminer précisément à quelle distance on se trouve de chacun de ces points de repère.

Si on se trouve à une distance d1 du repère O1, alors on est quelque part sur un cercle de rayon r1 autour de O1. Si on se trouve à une distance d2 du repère O2, alors on est sur un cercle de rayon r2 autour de O2.

On est alors à l'intersection des deux cercles. Pour choisir à quelle intersection, il faut ajouter un troisième cercle de rayon r3, distance à laquelle on se trouve du repère O3.

Doc. b Une situation pour appliquer le principe de la triangulation

Alice s'est perdue dans la ville de Esseneté. La ville possède trois horloges dont les sons sont facilement identifiables. Alice entend 11 h sonner. Au regard de sa montre, elle entend l'horloge A avec un retard de 1 s, l'horloge B avec un retard de 1,8 s et l'horoge C avec un retard de 2,5 s. Cela lui permet de se localiser.

Vocabulaire

▶ **Triangulation :** méthode mathématique utilisant la géométrie des triangles pour déterminer la position relative d'un point.

▶ **Satellite (artificiel) :** engin portant des équipements et mis en orbite autour de la Terre.

▶ **Antenne satellite :** outil permettant la réception des émissions transmises par satellite.

▶ **Horloge atomique :** horloge extrêmement précise basée sur la mesure de temps de transitions stables au niveau des atomes.

Application dans la vie courante

Doc. c La géolocalisation par satellite (système GPS des États-Unis)

Le **GPS** (Global Positioning System) est un système de positionnement par rapport à un réseau de satellites. Le **satellite** envoie un signal qui comprend sa position et son heure d'émission. Pour cela, le satellite possède à son bord une **horloge atomique** d'une très grande précision.

Le récepteur GPS compare l'heure d'émission du signal à l'heure à laquelle il l'a reçu. La différence correspond à la durée mise par le signal pour parcourir la distance entre le satellite et le récepteur. Multiplié par la vitesse du signal (300 000 km·s^{-1}), on obtient la valeur de la distance entre le satellite émetteur et le récepteur. Avec au moins trois satellites, le récepteur peut trianguler sa position. Une constellation de 31 satellites est en orbite autour de la Terre et couvre toute la surface terrestre. La qualité de la géolocalisation dépend de la synchronisation des horloges entre les satellites et le récepteur. Une erreur d'un milliardième de seconde correspond à une erreur de positionnement de 30 cm.

Vidéo : Comment fonctionne le système de géolocalisation européen Galileo ?

Doc. d La géolocalisation par bornage Wi-Fi : le WPS (Wi-Fi Positioning System)

Un **terminal Wi-Fi** peut se géolocaliser en fonction des identifiants des **bornes Wi-Fi** qu'il détecte. Il va pour cela se référer à des bases de données contenant les identifiants des bornes Wi-Fi ainsi que leurs coordonnées géographiques. Plus il détecte de bornes Wi-Fi, plus la localisation est précise.

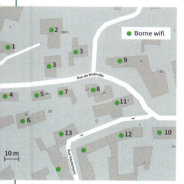

Point info !

L'heure délivrée par les horloges atomiques des satellites GPS est utilisée pour synchroniser des systèmes de télécommunication, les réseaux électriques ou financiers.

Doc. e Géolocalisation par antenne relais

Il existe d'autres modes de géolocalisation reposant sur le même principe, par exemple la géolocalisation par GSM : un téléphone peut se géolocaliser en fonction des antennes relais qu'il détecte, l'identifiant et la position des antennes relais (au sol) étant connus. La précision de la localisation par GSM est de l'ordre de 200 m en milieu urbain : elle augmente avec la densité des **antennes relais**.

Activités

1 **Docs a et b** Proposer une méthode pour aider Alice à se localiser sur la carte. La vitesse du son dans l'air étant de 340 m·s^{-1}, déterminer la position d'Alice sur le plan de la ville.

2 **Doc. b** La montre d'Alice doit être à l'heure pour calculer sa position. Justifier.

3 **Doc. c** Faire une recherche sur les sources d'erreur de la géolocalisation par satellite.

4 **Doc. d** Sachant que votre téléphone détecte les bornes Wi-Fi 5, 6, 7 et 13, déterminer votre position sur la carte. Pour l'exercice, on prendra 20 m comme distance d'émission d'une borne Wi-Fi.

Télécharger le document « bornes_Wi-Fi.pdf »

5 **Docs c et d** Comparer les avantages et inconvénients des différents modes de géolocalisation présentés.

Conclusion

Montrer que les différents modes de géolocalisation présentés reposent sur le même principe ou algorithme.

Se géolocaliser avec un smartphone

Pour se géolocaliser et retransmettre cette information, les récepteurs (GPS ou Galileo) doivent recevoir des signaux émis par des satellites. C'est ce message qui sera ensuite utilisé par l'interface d'un récepteur pour afficher sa position sur la carte.

OBJECTIF Comment la localisation calculée par le récepteur se retrouve-t-elle positionnée sur la carte ?

Doc. a Déterminer sa position GPS avec son smartphone

Tous les smartphones récents sont dotés d'une puce de géolocalisation et c'est grâce à celle-ci que votre téléphone peut être géolocalisé. Avec l'application GPS Status & Tools. Les coordonnées du téléphone sont affichées, ainsi que le nombre de satellites et la marge d'erreur.

Protocole :

- Installer l'application GPS Status & Tools sur un smartphone. Elle donne vos coordonnées, mais aussi l'intensité du signal et la précision.
- Se placer à un endroit permettant de capter un signal satellite.

Enregistrement avec l'application GPS Status & Tools

Doc. b La trame GPS au format NMEA

Grâce aux signaux émis par les satellites, les récepteurs peuvent calculer leur localisation et la transmettre sous la forme d'un message appelé trame. Ce message de localisation est communiqué par le récepteur selon la **norme NMEA 0183** (*National Marine Electronics Association*). Une trame est constituée de champs. Les champs sont séparés entre eux par des virgules. Un champ peut être vide, mais la présence de la virgule est obligatoire.

Ces trames peuvent prendre des formes différentes. On prendra ici l'exemple de la **trame GGA**, très répandue car elle déchiffre la position du récepteur GPS. Cette trame fournit l'heure du système GPS, les coordonnées longitude, latitude et l'altitude des informations relatives à la précision de mesure et au repère.

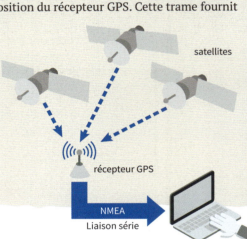

Doc. c Structuration d'une trame NMEA de type GGA

```
$GPGGA,134435.205,4539.5165,N,00433.4235,E,1,07,1.9,711.3,M,48.6,M,,0000*56
```

- **type de trame** (relative au système GPS)
- **heure du système UTC en millièmes de seconde** (HHMMSS.SSS)
- **Latitude au format en dix millième de minutes** (DDMM.MMMM : D = degré ; M = Minutes)
- **Indicateur Nord** (S = Sud)
- **Longitude au format DDDMM.MMMM en dix millième de minutes** (D : degré ; M : Minutes)
- **Indicateur Est** (W = Ouest)
- **Repère valide** (0 = invalide ; 2 = GPS différentiel ; 3 = Mode PPS)
- **Horizontalité**
- **Nombre de satellites utilisés pour constituer le message**
- **Altitude en mètres**
- **Unité de longueur mètres**
- **Écart par rapport au géoïde** (niveau moyen des mers)
- **Champ vide**
- **Checksum ou « Somme de contrôle »** (nombre ajouté au message pour vérifier que le message reçu est conforme à celui envoyé)

Doc. d Enregistrer une trame NMEA

Étape 1
- Télécharger et installer l'application « NMEA Viewer » sur votre smartphone (Android). Vous devrez l'autoriser à accéder à la géolocalisation et à enregistrer des informations.
- Lancer l'application et choisir une trame sur « NMEA Enregistreur » puis démarrer l'enregistrement.
- Arrêter l'enregistrement et donner un nom au fichier. Revenir au menu principal puis choisir « NMEA Viewer ».
- Sélectionner votre fichier et chercher la dernière trame GGA du fichier.

Étape 2
- Se connecter sur le site nmea.org, se positionner à l'endroit de son choix, puis générer une trame NMEA reçue en ce point en cliquant sur « Generate NMEA file ».
- Ouvrir cette trame dans un traitement de texte et repérer la trame de type GGA ; la placer dans le code Python.
- En vous inspirant de la ligne 23 du script, écrire ligne 24 l'instruction affichant la longitude du point.
- En vous aidant du document b de l'unité 1, modifier le code pour afficher latitude et longitude en degrés, minutes et secondes.

Capture d'écran de l'enregistreur

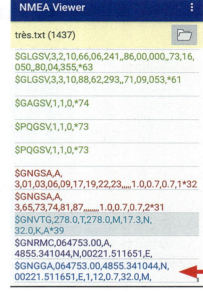

Capture d'écran du visualiseur

Point info !

Tous les smartphones récents sont dotés d'une puce permettant la géolocalisation grâce à laquelle votre téléphone peut être géolocalisé, c'est-à-dire que vous pouvez connaître sa position géographique à l'aide d'une application.

Activités

1 Doc. a Relever vos coordonnées ainsi que le nombre de satellites visibles. En justifiant, indiquer si ce nombre vous paraît suffisant pour une géolocalisation fiable.

2 Docs b et c Déduire de votre trame enregistrée les coordonnées géographiques en degrés décimaux.

3 Docs a et c Comparer vos coordonnées données par les deux applications utilisées.

4 Docs c et d Déduire de votre trame enregistrée les coordonnées géographiques en degrés, minutes et secondes.

5 Docs c et d Indiquer le nombre de satellites reçus dans la trame GGA pointée dans le document d.

6 Docs c et d Vérifier la position donnée par le document d dans le Géoportail. Indiquer où les relevés ont été effectués.

Pour aller + loin

▶ Réaliser le projet « Récupérer des données de géolocalisation » proposé en unité 5 de ce thème.

UNITÉ 5
PROJET en binôme

Récupérer des données de géolocalisation

Du fait d'une couverture satellite très dense, les données de géolocalisation peuvent être récoltées facilement.

OBJECTIF Récupérer des données de géolocalisation en utilisant un microcontrôleur type Arduino™ et un module GPS.

Du projet au matériel disponible

Doc. a Matériel
- Un microcontrôleur Arduino™ équipé d'une plaque de connexion
- Un module GPS

Doc. b Montage
- Système de récupération des données GPS

Télécharger le programme Arduino « geolocalisation.ino »

Doc. c Mise en œuvre
1. Relier le module GPS à l'entrée D2 de la carte de connexion.
2. Entrer le programme dans l'éditeur du microcontrôleur.
3. Relier le microcontrôleur au micro-ordinateur.
4. Vérifier dans « outils » que le port choisi est bien celui auquel le microcontrôleur est relié.
5. Téléverser le programme dans le microprocesseur.
6. Lancer le logiciel « u-center » après l'avoir téléchargé sur https://www.u-blox.com/en/product/u-center.
7. Dans « Receiver », vérifier que « connection » correspond au port du microcontrôleur, et vérifier que Baudrate est bien à 9 600.
8. Cliquer sur View, Text console.

Doc. d Extrait du programme permettant de récupérer les données du module GPS

```
1   #include <SoftwareSerial.h>
2   SoftwareSerial SoftSerial(2, 3);
3   unsigned char buffer[64];   // définit buffer : un tableau de 64 valeurs
4   int compte=0;               // compteur pour parcourir le buffer
5   void setup()
6   {
7     SoftSerial.begin(9600);   // Initialisation de la liaison
8     Serial.begin(9600);       // série à 9600 bauds
9   }
10
11  void loop()
12  {
13    if (SoftSerial.available())     // Si des données arrivent
14    {
15      while(SoftSerial.available()) // lit les données et les mets dans le buffer
16      {
17        buffer[compte++]=SoftSerial.read();  // écrit la donnée dans le buffer
18        if(compte == 64)break;
```

L'affichage des données reçues

Doc. e Les satellites de géolocalisation dans u-center

Le logiciel u-center permet d'afficher les satellites reçus selon les codes suivants :

Couleur du satellite	Vert ou cyan	Bleu	Rouge
Signification	Signal satellite utilisable en navigation	Signal satellite disponible, mais pas pour la navigation	Signal satellite non disponible

Les noms des satellites commencent par une lettre :
G : satellite GPS
R : satellite Glonass
E : satellite Galileo
S : signal SBAS
   (signal d'augmentation spatiale)

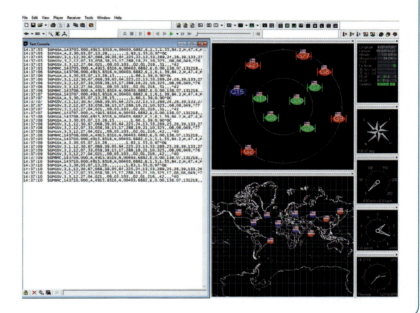

Activités

1 **Docs a à e** Réaliser la mise en œuvre et vérifier le bon fonctionnement de l'acquisition des données de géolocalisation. Dans U-center, les données reçues s'affichent dans différentes fenêtres.

2 **Doc. d** Repérer et relever les paramètres suivants, correspondant à la localisation du récepteur GPS : longitude, latitude, altitude, nombre de satellites utilisables en navigation, nombre total de satellites.

3 **Doc. d** Rechercher dans Géoportail le lieu précis où la mesure est faite, puis grâce à l'outil « afficher des coordonnées », vérifier que les coordonnées correspondent à celles fournies par le module de géolocalisation du microcontrôleur.

Pour aller + loin

▶ **Doc. e** Dans la « console texte » apparaissent les données reçues par le module de géolocalisation (trame NMEA). Décoder cette trame pour vérifier qu'on y retrouve bien les coordonnées géographiques du point mesuré.

THÈME 5 | LOCALISATION, CARTOGRAPHIE ET MOBILITÉ | 123

UNITÉ 6 — Algorithmes et calculs d'itinéraires

Les algorithmes permettent l'affichage sélectif d'informations variées sur les cartes numériques, en passant facilement d'une échelle à une autre. Certains proposent aussi des calculs d'itinéraires, en fonction des paramètres choisis par l'utilisateur.

▶ **Comment les calculs d'itinéraire sont-ils réalisés sur les cartes numériques ?**

Le processus d'un changement d'échelle

Doc. a Modélisation d'un changement d'échelle sur une carte numérique

Pour comprendre les opérations réalisées par une carte numérique lors de l'affichage de données, on réalise une simulation dans laquelle un utilisateur, un logiciel et une base de données doivent interagir pour aboutir à l'affichage voulu.

Fiche à télécharger :
« Simulation du fonctionnement d'une carte numérique »

Doc. b Un changement d'échelle réalisé par une carte numérique : le Géoportail

Les cartes des routes et du réseau hydrographique sont superposées aux photographies aériennes.

Source : Géoportail (coordonnées 45.122252, 0.52159 24110 Saint-Léon-sur-l'Isle, affichage aux échelles 1:5 000 et 1:250 000)

Algorithmes et calcul d'itinéraire

Doc. c Deux points sur une carte et plusieurs routes possibles

Les différents itinéraires possibles pourront se représenter sous la forme d'un graphe, dont les nœuds seront les différentes villes ou intersections possibles. Les arêtes entre les nœuds correspondent aux routes entre les villes. Elles sont pondérées par exemple par une distance ou une durée de trajet. Soit le graphe suivant :

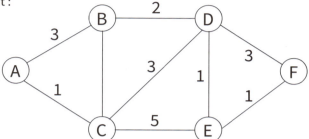

Point info !

Il existe d'autres algorithmes de calcul d'itinéraire comme l'algorithme A* (A star), conçu au départ pour permettre le déplacement d'un robot dans une pièce encombrée d'obstacles.

Doc. d Algorithme de Dijkstra

Chaque sommet du graphe correspond à une ville. L'un des sommets est défini comme point de départ (sommet source). Chaque arête est pondérée par une valeur correspondant à la distance au nœud précédent. Les nœuds non adjacents sont pondérés provisoirement d'une valeur infinie pour être rejetés par la suite.
À chaque **itération** de l'algorithme, on sélectionne le nœud pour lequel la valeur est la plus petite. L'avancée de l'algorithme est souvent présentée sous forme d'un tableau.

Exemple : on veut aller de A à E en minimisant la distance.

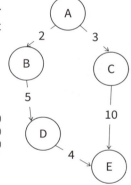

Phase originale de l'application de l'algorithme

Fiche à télécharger : « Application de l'algorithme de Dijkstra »

Activités

1 **Doc. a** Réaliser la simulation proposée et noter les différentes questions que la carte numérique (interface + base de données) a dû gérer.

2 **Doc. b** Mesurer aux deux échelles la largeur de l'autoroute A89 et celle du cours d'eau.

3 **Doc. b** Quels ont été les choix de l'algorithme pour les différents objets représentés lors du changement d'échelle ? Comparer avec votre propre travail de changement d'échelle à la question 1.

4 **Docs c et d** Rechercher sur papier le chemin le plus court en indiquant le chemin suivi et la distance parcourue, en appliquant l'algorithme de Djikstra.

5 **Doc. d** Exécuter le script Python proposé et comparer le résultat obtenu avec celui obtenu sur papier.

Télécharger le script Python « dijkstra_eleve.py »

Conclusion

Quels sont les différents calculs gérés par l'algorithme d'un logiciel de navigation, en plus de ceux liés à l'évolution du positionnement sur la carte (unité 4) ?

UNITÉ 7 — Les applications des cartes numériques

Les cartes numériques, accessibles depuis un smartphone, remplacent progressivement les cartes sur papier. Couplées aux algorithmes de calculs d'itinéraires et au géopositionnement, elles étendent de nouveaux usages à de nombreux domaines.

▷ **Quels sont les usages les plus fréquents des cartes numériques ?**

Les usages des cartes numériques dans les transports

Positions des avions civils en vol à un instant donné

Doc. b Connaître son itinéraire à partir de sa position géolocalisée : les systèmes d'aide à la conduite

Doc. a Connaître sa position en temps réel

Le système GPS américain fut inventé pour des usages militaires. En 1983, le vol 007 Korean Air Lines a été abattu par un avion de chasse soviétique. Il avait accidentellement violé l'espace aérien soviétique, suite à une erreur de guidage et une position erronée. Suite à cet accident tragique, la technologie GPS fut ouverte aux usages de l'aviation civile. Aujourd'hui, les avions transmettent régulièrement leur identité, leur vitesse et leurs coordonnées.

Doc. d Se déplacer en toute sérénité dans les transports en commun

Grâce à la géolocalisation des moyens de transport en commun, l'opérateur a la vision exacte de la position de tous les autobus de la ligne sur son écran. L'information est transmise simultanément aux conducteurs et aux usagers. Le conducteur reçoit automatiquement et en permanence (sur son tableau de bord) l'intervalle de temps qui le sépare du bus précédent et du bus suivant. Il peut ainsi s'autoréguler.

Toute cette offre peut être accessible via son smartphone grâce à des applications : l'usager connaît tous les itinéraires possibles avec les moyens de transport correspondants et l'offre de mobilité en temps réel.

Doc. c Covoiturage instantané et géolocalisé : l'autostop connecté

Pour optimiser l'utilisation des véhicules, on a créé des lignes de covoiturage qui suivent les déplacements naturels des automobilistes afin que les covoitureurs fassent le moins de détours possible pour venir se positionner sur ces lignes. Des arrêts-covoiturage sont ensuite définis tout au long de la ligne, comme pour une ligne de bus classique. L'usage de cartes numériques et de la géolocalisation définit des parcours utilisateur simples et fluides, et permet aux passagers d'être informés en temps réel de l'offre sur les tronçons qui les intéressent. La géolocalisation alliée à la connaissance du trafic en temps réel informe aussi les utilisateurs du temps que l'automobiliste mettra à se rendre au point de rencontre planifié.

Les usages des cartes numériques dans le tourisme et l'agriculture

Doc. e Géolocalisation et visites guidées des musées

Le territoire de la Somme a été profondément meurtri par la Grande Guerre. Même cent ans après, les paysages portent encore les stigmates du conflit. Une application, réalisée à l'occasion de la commémoration du centenaire de la fin de la Première Guerre mondiale, propose une géographie littéraire du territoire de la Somme. Son approche géolocalisée permet de découvrir et de comprendre les sites de mémoire, au fil des textes qui en sont inspirés, dans le contexte spécifique de la Première Guerre mondiale.

Doc. f Géolocalisation et agriculture de précision

L'objectif premier de l'agriculture de précision est d'améliorer les profits et les rendements des agriculteurs. Dans le même temps, elle s'évertue à réduire les effets négatifs de l'agriculture sur l'environnement qui découlent de l'application excessive de produits phytosanitaires. Elle vise à mieux tenir compte des variabilités des milieux et des conditions entre les différentes parcelles, ainsi qu'à des échelles intra-parcellaires.

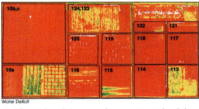

Densité de végétation : le bleu foncé et le vert indiquent une végétation luxuriante. Le rouge montre des zones de sol nu tandis que le jaune montre une végétation normale.

Déficit hydrique : le vert et le bleu indiquent des sols humides et le rouge des sols secs.

Stress cultural : les pixels rouges et jaunes particulièrement concentrés dans les champs 120 et 119 indiquent que les cultures sont gravement stressées. Ces champs devront être irrigués le lendemain.

Images aires (fausses-couleurs) acquises par le capteur Daedalus à bord d'un avion de la NASA survolant le centre agricole de Maricopa en Arizona

Activités

1 **Docs a à d** Dans chacun des exemples proposés, dégager les apports de la géolocalisation.

2 **Docs e et f** Déduire quelles sont les possibilités de régulation qu'apportent les cartes numériques à ces deux secteurs.

3 Chercher d'autres secteurs d'activité qui ont été transformés par les technologies de géolocalisation.

Conclusion

Quels sont les principaux apports de la géolocalisation aux activités humaines ?

UNITÉ 8 — Enjeux éthiques et sociétaux liés à la géolocalisation

La démocratisation de la géolocalisation avec l'explosion de l'usage des smartphones fait que les individus eux-mêmes sont devenus géolocalisables, ce qui peut entraîner divers problèmes quant à leur vie privée.

▶ **Quelles sont les conséquences associées à la géolocalisation ?**

Doc. a Des conséquences d'erreurs de cartographie

Plusieurs automobilistes australiens ont utilisé l'application Plans d'Apple, sortie en 2012, pour se rendre dans la ville de Mildura. Ils se sont finalement retrouvés en plein milieu du parc national de Murray Sunset, territoire potentiellement mortel pour les inexpérimentés. Le logiciel localisait la ville 70 km trop au Nord. Dans cette ville désertique, les températures avoisinent les 46 °C, l'eau est rare, les animaux sauvages sont dangereux et il n'y a aucune couverture de réseau téléphonique. Début décembre 2012, la police de Mildura a diffusé un avertissement après qu'un automobiliste ait dû attendre 24 heures avant d'être secouru.

Doc. b Suivre sa famille à la trace

- Sachez toujours où est votre enfant (même dans le parking souterrain !) Soyez au courant des entrées et des sorties des enfants des zones de sécurité.
- Recevez des alertes automatisées lorsque vos proches arrivent à la maison, à l'école ou à un endroit que vous définissez.
- Configurez des zones dangereuses pour recevoir des alertes lorsque vos enfants y pénètrent. Trouvez le chemin jusqu'à l'endroit où se trouve un enfant, à l'aide de la navigation.
- Reconstituez l'historique de tous les déplacements des enfants.
- En cas d'urgence, utilisez le bouton SOS pour envoyer une alerte d'aide.
- Avec l'option babyphone : maintenant vous pouvez écouter ce qui se passe autour de votre enfant.

Conditions d'utilisation :
✓ Connexion d'internet
✓ Services de localisation (GPS)
✓ Scannage de Wi-Fi

Doc. c Facebook géolocalise-t-il ses utilisateurs pour leur suggérer des amis ?

Avec l'algorithme de Facebook, deux personnes qui ont partagé la même géolocalisation peuvent se retrouver dans la liste de suggestions d'amis de l'autre, que ce soit un patron, un contact professionnel ou un inconnu. Combinée à d'autres facteurs, cette initiative peut se transformer en menace pour la vie privée et la sécurité. Il reste à imaginer ce que cela pourrait donner si ce type de réseau s'associait à un État dans une optique de surveillance de la population. Légalement, la police est en droit de demander à Facebook de lui transmettre toutes les données de localisation qu'il récupère.

Point info !

L'immatriculation MAC d'un appareil permet à Google de toujours suivre les utilisateurs Android et cela sans connexion nécessaire grâce à la fonction « Toujours autoriser la recherche » de la Wi-Fi.

Doc. d De la publicité personnalisée au géomarketing

Le **tracking publicitaire** consiste à récupérer les données marketing des individus (information sociodémographique, mode comportemental, mode de consommation, fréquentation de zones commerciales, partage de communautés) et à les combiner avec les données géolocalisées. Cela permet de connaître et d'analyser très finement le comportement de la clientèle. Cela débouche sur la publicité géolocalisée, c'est-à-dire celle qui est diffusée selon la localisation des individus à un instant donné.

Doc. e Gérer ses paramètres de localisation

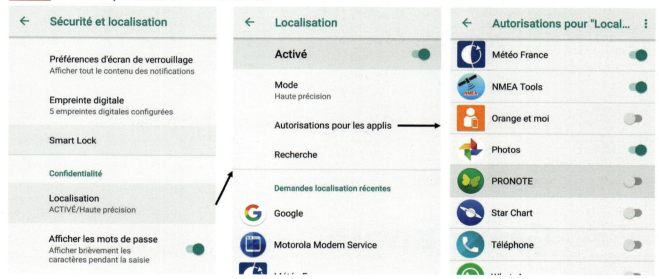

ITINÉRAIRE 1

À l'aide de ces documents et de recherches sur internet, développer un argumentaire à propos des bienfaits que peut apporter la géolocalisation dans notre société.

ITINÉRAIRE 2

À l'aide de ces documents et de recherches sur internet, développer un argumentaire à propos des inconvénients que peut apporter la géolocalisation dans notre société.

Conclusion

Réaliser un débat oral contradictoire et argumenté entre le groupe d'élèves suivant l'itinéraire 1 et celui suivant l'itinéraire 2.

LE MAG' DES SNT

👁 Grand angle

Les *GPS drawing*, aussi connu sous le nom de *GPS Art* et *Strava art*, consiste à dessiner une forme sur la carte grâce au suivi GPS d'une course. La triathlète Marine Deleu a ainsi dessiné un requin géant dans les rues de Paris.

Ce dessin demande un gros travail de préparation pour tracer l'itinéraire, ce qui s'exécute via une carte numérique telle que celle de Google Earth. Au prix de plusieurs heures de travail, l'artiste/athlète définit les rues par lesquelles il faut passer pour aboutir à la forme voulue.

Dans les villes où les rues sont bien droites et perpendiculaires, comme aux États-Unis, les artistes peuvent créer des figures pixelisées. Dans les rues tortueuses de villes comme Paris, les contraintes sont plus fortes.

> **Dessiné à la trace**

D'autres artistes créent leur figure sans préparation, hors des villes et en terrain ouvert, ce qui leur demande de suivre leur progression sur leur récepteur GPS.

Le partage des figures réalisées se fait sur des applications comme Strava, dédiées à la course à pied, mais de nombreux artistes importent aussi leur trace sur Google Maps ou OpenStreetMap.

VOIR !
Kingsman : services secrets

Un homme d'affaires milliardaire dénommé Valentine a une idée révolutionnaire : offrir un smartphone à tous les êtres humains de la planète afin qu'ils aient gratuitement accès aux réseaux téléphonique et internet à vie. Sous couvert d'un acte humaniste sans précédent, Valentine compte organiser un nouvel ordre mondial. Grâce à son satellite, il a le contrôle sur chacune des puces qu'il a confectionnées pour manipuler la population. Ce sont en réalité de petites bombes attendant d'être activées. Les personnes influentes de notre monde se font « eux » implanter une puce qui les sauvegardera à ce moment. Eggsy, un agent Kingsman de nouvelle génération, est le seul à pouvoir enrayer **les possibilités immenses d'un système GPS bien armé pour le futur**.

ET DEMAIN ?

Un drone est un engin sans pilote à bord. Le plus souvent ils sont télécommandés, mais se développent aujourd'hui des drones autonomes, promis à un bel avenir.

Depuis 2013, Amazon communique sur l'avancée de son projet de livraison par drone Amazone Prime Air. En 2016, Domino's a testé avec succès la première livraison de pizza à Auckland, en Nouvelle-Zélande.

Il ne s'agit pour l'instant que de livraisons de petits colis (moins de 3 kilos), pas trop loin des entrepôts en raison des limites techniques des drones et de la sécurisation du vol.

Si elle permet de réduire le temps et le coût pour des entreprises comme Amazon ou La Poste, l'utilisation de drones de livraison permettrait aussi de désenclaver des régions difficiles d'accès. Ainsi, des start-ups africaines se lancent dans l'expérimentation, comme Paps, qui est une application de livraison à la demande géolocalisée.

Ces drones de livraison pourraient étendre leurs activités aux organisations humanitaires, à l'agriculture et à la surveillance. Le point commun de tous ces drones est qu'ils sont équipés de puces GPS leur permettant de naviguer vers une destination s'ils sont autonomes, ou bien s'ils ne le sont pas, de géolocaliser ce qu'ils transportent ou les données qu'ils produisent.

MÉTIER

GÉOMATICIENNE

Cécile vous parle de son métier

« Mon travail consiste à cartographier intelligemment certaines activités humaines ou des risques naturels ou d'autres sujets, et à construire des bases de données. Puis, en croisant différentes données numériques, je produis des cartes thématiques et des études spatiales. Un autre aspect intéressant de mon métier est de réaliser des simulations diverses, par exemple des simulations d'aménagements urbains, de voies de communication, de risques naturels, de mouvements de populations ou de trafics économiques...

Je travaille pour des entreprises privées ou au service de collectivités. J'ai aussi à me montrer persuasive et à réussir à imposer mes choix auprès des divers acteurs impliqués dans le projet. C'est un métier passionnant qui demande une grande polyvalence et le goût des contacts. »

En bref

1
L'INVENTION DU DRONE

En **1917**, le capitaine de l'armée française Max Boucher fait voler le premier aéronef sans pilote radiocommandé sur la base militaire d'Avord, dans le Cher.

2
LES « BEACONS »

Les beacons sont de petits boîtiers, ils utilisent la technologie Bluetooth pour communiquer avec les smartphones ou tablettes proches. Ils connaissent un développement important dans les magasins américains. Le client qui entre reçoit ainsi un message de bienvenue et peut-être un bon de réduction lorsqu'il s'attarde devant un produit.

3
EN GRAVITÉ

Dans *Gravity* (2012), film d'Alfonso Cuarón, on prend conscience que le moindre petit débris peut se transformer en arme mortelle dans l'espace. Certains peuvent atteindre 70 000 km.h !

THÈME 5 | LOCALISATION, CARTOGRAPHIE ET MOBILITÉ

BILAN

Les notions à retenir

DONNÉES ET INFORMATIONS
Les cartes numériques permettent de rassembler plusieurs jeux de données et toutes les échelles sur une même carte. On peut ainsi croiser les données en fonction d'un thème ou d'une localisation. Pour être utilisées, les informations sont associées à leur géolocalisation dans une base de données. Les appareils de géolocalisation par satellite délivrent l'information sous la forme d'une trame NMEA 0183.

ALGORITHMES + PROGRAMMES
Les applications qui traitent les cartes numériques réalisent de nombreuses opérations : localisation sur la carte, affichage sélectif des données en fonction des demandes, calcul des échelles, calcul d'itinéraires. Lors d'un déplacement, ces opérations sont effectuées en permanence pour coupler la localisation et les cartes, y compris au cours d'un itinéraire pré-calculé.

MACHINES
La géolocalisation se détermine souvent par triangulation par rapport à des repères dont la position est connue. La fiabilité du calcul dépend de la synchronisation des horloges du récepteur et du satellite. Il existe d'autres modes de géolocalisation à partir de bornes Wi-Fi ou d'antennes relais téléphoniques.
Les données géolocalisées sont traitées et affichées par des ordinateurs, tablettes ou téléphones équipés d'une application dédiée, tels qu'un système d'information géographique.

IMPACTS SUR LES PRATIQUES HUMAINES
La numérisation des cartes a facilité de nombreuses activités dans les secteurs professionnels mais aussi pour le grand public qui peut parfois en être dépendant. Toutefois, les erreurs de géolocalisation peuvent avoir des conséquences dramatiques. Ces données qui peuvent être récupérées (sollicitations publicitaires, pistage individuel, etc.) posent aussi des problèmes de sécurité.

Les mots-clés

- Triangulation
- Géolocalisation
- Global Positioning System (GPS)
- Système d'information géographique
- Calcul d'itinéraires
- Satellite
- Synchronisation
- Trame NMEA

LES CAPACITÉS À MAÎTRISER

▶ Décrire le principe de géolocalisation.

▶ Identifier les différentes couches d'information d'une carte numérique.

▶ Décoder une trame NMEA.

▶ Réaliser un calcul d'itinéraire et le représenter sur un graphe.

L'essentiel en image

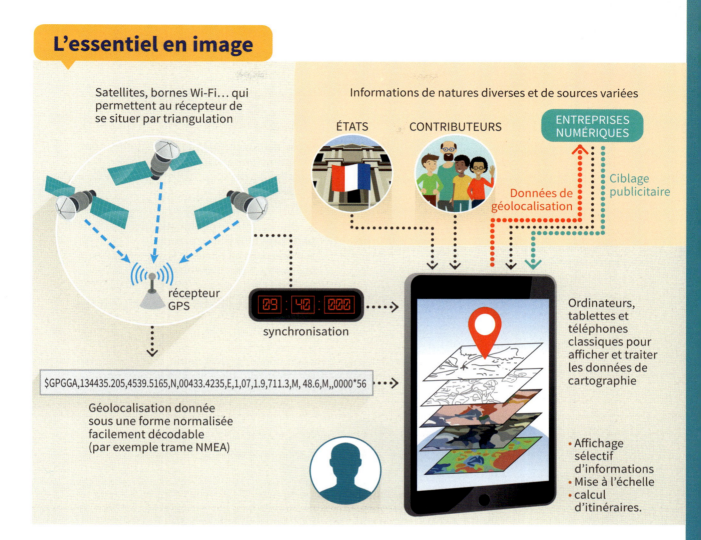

Des comportements RESPONSABLES

Régler les paramètres de confidentialité d'un téléphone pour partager ou non sa position.

Ne pas laisser les applications ouvertes en arrière-plan et supprimer les applications dont on ne se sert plus.

Vérifier son itinéraire.

Être vigilant par rapport aux contributions faites dans les outils collectifs de cartographie.

THÈME 5 | LOCALISATION, CARTOGRAPHIE ET MOBILITÉ | 133

EXERCICES

Se tester

• VRAI OU FAUX •

1. Étant donné leur importance, les données géolocalisées sont produites uniquement par des organismes publics.

2. Un seul satellite suffit pour se géolocaliser.

3. Sur une carte numérique, les routes sont toujours représentées à l'échelle.

4. Un téléphone mobile ne peut pas être géolocalisé sans l'autorisation de son propriétaire.

5. Il existe différents types de trame.

6. Le GPS est le système de positionnement par satellite américain.

7. Galileo est un satellite.

QCM

Plusieurs réponses possibles.

8. Lors d'un changement d'échelle, sont redimensionnés :
a. les images raster ;
b. les légendes ;
c. les objets vecteur.

9. Une erreur de géolocalisation par satellite peut provenir d'une erreur :
a. de vitesse d'un satellite ;
b. de réflexion sur les bâtiments ;
c. d'horloge.

10. La géolocalisation par Wi-Fi peut être utilisée :
a. en ville ;
b. en milieu rural ;
c. à l'intérieur des bâtiments.

QUIZ

11. Donner les caractéristiques et avantages des cartes numériques.

12. Quelles sont les opérations réalisées par un SIG lors de l'affichage de données géolocalisées ?

13. Rappeler le principe de la géolocalisation par satellite.

14. Indiquer un impact positif et un impact négatif de l'utilisation de la géolocalisation dans la société.

15. À l'aide de l'algorithme de Dijkstra, déterminer le trajet le plus court entre les points A et F du graphe ci-contre.

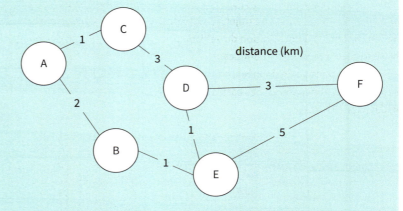

Corrigés p. 202

Exercice guidé

16. Un autre algorithme : A*

Un algorithme A* va chercher le plus court chemin en restant toujours au plus près de la ligne droite entre le nœud de départ et le nœud de destination. Il tente de se rapprocher de la destination à chaque itération.
La pertinence d'un nœud est évaluée par son écart par rapport à la ligne droite : plus l'écart est faible, plus le point est pertinent. Dans l'exemple ci-dessous, on considère qu'avancer d'une case coûte 1. On ajoute le coût entre la case considérée et la case de destination, correspondant ici au nombre de cases à parcourir : sur la figure ci-dessous les deux nœuds en cours d'exploration sont à 3 cases de la destination.

Étape 1

À chaque itération, l'algorithme évalue ainsi les points voisins du dernier point retenu.

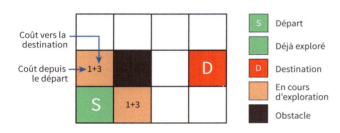

Étape 2

Les points déjà étudiés sont gardés en mémoire dans une liste dite fermée et ne seront pas réétudiés, sauf si le chemin suivi jusque-là se révèle être une impasse. Les points non étudiés sont dans une autre liste.
L'algorithme s'arrête lorsque le nœud de destination est dans la liste fermée.
Tous les nœuds ne sont pas explorés, contrairement à l'algorithme de Djikstra, d'où un gain de performance.
Le plus court chemin sera celui dont le coût est le plus faible.

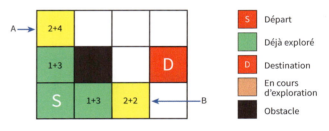

Dans l'exemple proposé, quel sera le nœud sélectionné par l'algorithme à l'étape 2 ?

QCM sur document

17. Entre les deux affichages ci-dessous d'un système d'aide à la navigation dans une automobile lors du guidage sur un même trajet, le système d'aide à la navigation a dû :

a. Déterminer la géolocalisation du véhicule.
b. Interroger la banque de données.
c. Enrichir la banque de données.
d. Modifier la transparence des cartes superposées.
e. Calculer l'itinéraire.
f. Calculer l'échelle des objets affichés.
g. Positionner le véhicule sur la carte.

EXERCICES

S'entraîner

18. Détermination de l'épicentre d'un séisme

▶ L'épicentre d'un séisme est le point à la surface de la Terre qui se trouve à la verticale du foyer du séisme, lieu en profondeur où se produit le séisme.
Le séisme produit des ondes sismiques qui sont émises dans toutes les directions et peuvent être enregistrées par des stations sismiques réparties à la surface de la Terre.
On étudie un séisme qui s'est produit le 9 novembre 2007 à 3 h 14 min 49 s. Les ondes produites ont été enregistrées par trois stations proches : DRGF, SJNF et SETF.
On donne ci-dessous l'heure à laquelle les ondes sismiques ont atteint chaque station, d'après leurs enregistrements.

D'après Edusismo.org

Station	Heure d'arrivée des ondes sismiques
DRGF	3 h 15 min 8,736 s
SJNF	3 h 15 min 1,472 s
SETF	3 h 14 min 55,407 s

Logiciel Educarte

À partir de ces données, localiser l'épicentre du séisme sur la carte, sachant que les ondes sismiques se déplacent approximativement à la vitesse de 6 km.s^{-1}.

19. Décodage d'une trame NMEA

▶ On donne la trame NMEA suivante, obtenue à partir d'un enregistrement sur un téléphone mobile avec l'application NMEA tool.

1. Déduire les coordonnées géographiques, en degrés décimaux, de la trame enregistrée.

2. Vérifier la position dans le Géoportail : où ce relevé a-t-il été effectué ?

$GNGGA,123730.00,4850.632151,N,00221.472929,E,1,12,0.9,24.0,M

20. Décoder des trames NMEA avec un programme

```
d=22.080                        #angle en degrés et décimales de degrés
D=int(d)                        #Degrés (valeur décimale tronquée)
M = int((d - D) * 60)           #Minutes d'angle
S = round((d- D) * 3600 - M * 60,2)  #secondes d'angle arrondies à deux décimales
print(D,'°',M,"'",S,"''")       #affichage de la valeur convertie
```

1. Se connecter sur le site https://nmeagen.org/, se positionner à l'endroit de son choix, puis générer une trame NMEA reçue en ce point en cliquant sur « Generate NMEA file ».

2. Ouvrir cette trame dans un traitement de texte et repérer la trame de type GGA ; la placer dans le code Python et vérifier la bonne localisation.

3. Ouvrir le script Python « exercice_lecture_trame-NMEA.py » permettant de décoder une trame et retrouver la localisation correspondant à la trame ci-dessus.

4. En vous inspirant de la ligne 23 du script, écrire en ligne 24 l'instruction affichant la longitude du point.

5. Modifier le code pour afficher la latitude et la longitude en degrés, minutes et secondes.

Télécharger le script Python « exercice_lecture_trame-NMEA.py »

21. Drones et géolocalisation

▶ De grandes entreprises travaillent sur des dispositifs de livraison autonome par drone, ce qui permet en théorie une livraison plus sûre et plus rapide puisque le drone vole en ligne droite sans craindre les embouteillages. Pour remplir leur tâche, les drones doivent néanmoins respecter les domaines de vol autorisés. Certaines zones sont en effet interdites de survol : aéroport, prison, centrale nucléaire, etc.

Doc. a Extrait de la fiche technique d'un drone

Masse au décollage	430 g
Vitesse max. (proche du niveau de la mer, sans vent)	68,4 km·h^{-1} (mode S[1]) 28,8 km·h^{-1} (mode P) 28,8 km·h^{-1} (mode Wi-Fi)
Fréquences de fonctionnement	2,400 - 2,483 GHz 5,725 - 5,850 GHz
GNSS	GPS + GLONASS
Plage de précision du vol stationnaire	Verticale : ±0,1 m (avec positionnement visuel) ±0,5 m (avec positionnement satellite) Horizontale : ±0,1 m (avec positionnement visuel) ±1,5 m (avec positionnement satellite)
Stockage interne	8 Go

[1] Radiocommande requise

1. D'après les caractéristiques données, indiquer comment le drone peut déterminer sa position.

2. Jusqu'à quelle hauteur le drone peut-il voler en ① ? Et au point ② ?

3. Expliquer les restrictions de vol au point ②.

Doc. b Carte des zones de restriction des drones de loisir, dans Géoportail

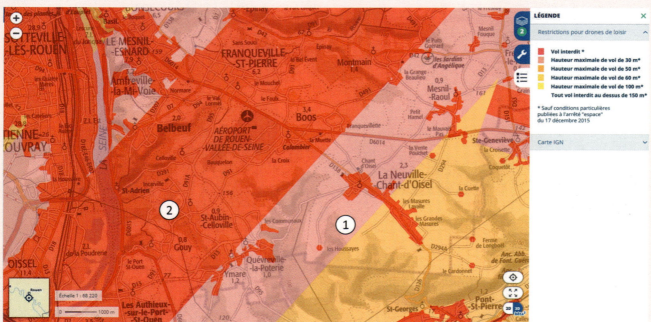

THÈME 5 | LOCALISATION, CARTOGRAPHIE ET MOBILITÉ | 137

THÈME 6
Informatique embarquée et objets connectés

De nos jours, même les vêtements des sportifs peuvent être connectés : des capteurs miniaturisés intégrés au textile recueillent des informations sur le rythme cardiaque, la température, la posture, la géolocalisation… Ces données sont centralisées par un boîtier électronique qui les transmet par Bluetooth à un smartphone. Au moment du lavage, seul le boîtier est enlevé et le reste peut passer en machine !

Les performances analysées dans leurs moindres données

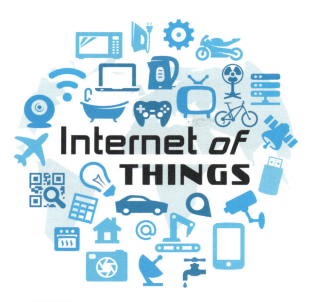

Doc. a Des objets connectés de plus en plus présents dans notre vie

Vidéo-débat

Doc. b Atterrissage automatisé en plein brouillard

▶ Comment est-il possible d'atterrir en plein brouillard ? Jusqu'où peut-on laisser les machines agir à notre place ?

50 milliards

C'est le nombre estimé d'objets connectés présents en 2020 dans le monde. En France, 5,2 millions ont été vendus en 2017, soit une hausse de 33 % en un an, dont 1,6 million de « wearables », ces objets connectés ou intelligents qui se portent sur soi. Les appareils pour la maison connectée représentent la plus grande part des ventes avec 2,9 millions d'objets (57 %).

> L'internet des objets est un réseau d'objets physiques connectés et capables de communiquer les uns avec les autres. Embarquer l'informatique dans les objets simplifie leur fonctionnement tout en leur donnant plus de possibilités d'usage et de sûreté. On peut leur ajouter de nouvelles fonctionnalités simplement en modifiant leur logiciel. Entre le réel et le virtuel, les objets connectés produisent de grandes quantités de données pour fonctionner. Leur traitement participe à ce que l'on appelle le **Big Data**. Les objets connectés sont présents dans tous les domaines de notre vie : l'environnement, la santé et le bien-être, en domotique (maison connectée) et bien d'autres encore. Leur utilisation participe à l'évolution des modes de vie et à une nouvelle conception de notre monde.

Doc. c De l'informatique embarquée dans les objets

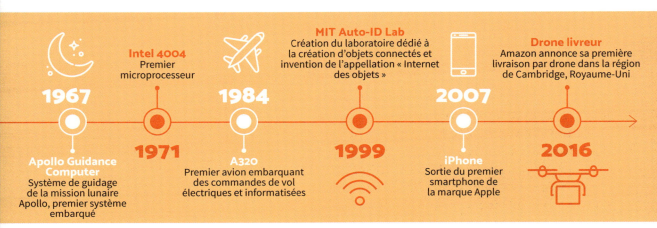

1967 — Apollo Guidance Computer. Système de guidage de la mission lunaire Apollo, premier système embarqué

1971 — Intel 4004. Premier microprocesseur

1984 — A320. Premier avion embarquant des commandes de vol électriques et informatisées

1999 — MIT Auto-ID Lab. Création du laboratoire dédié à la création d'objets connectés et invention de l'appellation « Internet des objets »

2007 — iPhone. Sortie du premier smartphone de la marque Apple

2016 — Drone livreur. Amazon annonce sa première livraison par drone dans la région de Cambridge, Royaume-Uni

THÈME 6 | INFORMATIQUE EMBARQUÉE ET OBJETS CONNECTÉS | 139

UNITÉ 1 — Les Systèmes Informatiques Embarqués

Aujourd'hui, de nombreux objets de notre environnement sont dotés d'un Système Informatique dit Embarqué (SIE). Grâce aux technologies de l'internet, ils sont de plus en plus connectés, ce qui diversifie leurs usages.

▶ **Comment fonctionnent les systèmes informatiques embarqués et quels impacts ont-ils sur notre quotidien ?**

Quelques SIE dans le monde de l'automobile

Doc. a Que se passe-t-il quand on doit freiner d'urgence face à un obstacle ou un piéton ?

Vocabulaire

▶ **Capteur :** système permettant de détecter un phénomène physique (son, lumière, accélération…) et de le transformer en signal électrique exploitable par le système.

▶ **Actionneur :** transforme un signal électrique reçu en un phénomène physique (son, lumière, mouvement…).

▶ **Microprocesseur :** circuit intégré permettant de traiter des informations.

▶ **Logiciel :** programme nécessaire au fonctionnement d'un système informatique.

▶ **Mémoire :** permet de conserver les informations (programmes et données).

▶ **Interface Homme-Machine (IHM) :** permet à l'homme et à la machine de communiquer entre eux.

Doc. b Améliorer la sécurité routière : le freinage automatique d'urgence

Le freinage automatique d'urgence repose sur différents **capteurs** qui détectent l'environnement autour du véhicule. Grâce au **logiciel** intégré au système, le **microprocesseur** interprète les **données** issues des **capteurs** en temps réel. S'il anticipe une collision imminente avec un obstacle, il prendra le contrôle de la voiture, à l'aide d'**actionneurs**, et la forcera à s'arrêter automatiquement.

En France, un tiers des véhicules neufs sont équipés de ce dispositif. La Commission européenne envisage d'ailleurs de rendre cette technologie obligatoire à court terme, ce qui pourrait sauver 10 500 vies sur 10 ans.

Doc. c Les SIE dans l'automobile d'aujourd'hui

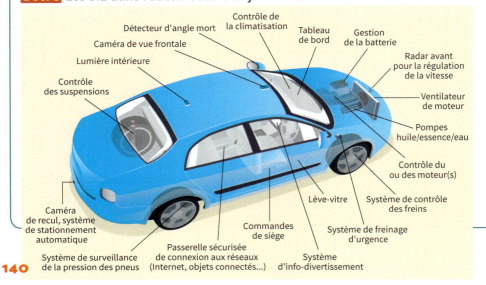

Point info !

Les objets connectés possèdent des capteurs dont ils traitent les données et échangent ces dernières avec un smartphone ou via internet. Tous les objets connectés sont donc des systèmes informatiques embarqués.

Fonctionnement d'un SIE

Doc. d Un SIE : la régulation de la température d'un appartement

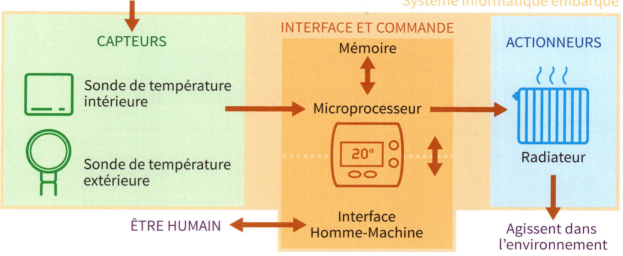

Doc. e L'architecture d'un système informatique embarqué

Un **système informatique embarqué** est une **machine**, dédiée à une tâche définie. Elle est composée d'un **microprocesseur** qui interprète le programme stocké dans sa **mémoire**. Le programme permet de traiter les **données** issues des **capteurs** ou de l'**Interface Homme-Machine**, puis de renvoyer des données vers les **actionneurs** et l'Interface Homme-Machine.

Les systèmes informatiques embarqués obéissent à un cahier des charges contraignant :
– l'espace est compté, avec une mémoire parfois limitée ;
– le système doit réagir quasi-instantanément, on parle de système « temps réel » ;
– la consommation énergétique doit être faible ;
– la sûreté de fonctionnement est primordiale.

Activités

1 Doc. a Le temps de réaction normal est de 1 seconde. Sous l'effet d'une consommation d'alcool modérée, il passe à 2,5 secondes. À vitesse constante, comment évolue alors le temps nécessaire à l'arrêt ?

2 Docs a et b Le freinage automatique d'urgence permet-il de réduire le temps de réaction, le temps de freinage ou les deux ? Justifier la réponse.

3 Docs a, b et c Quels éléments de l'automobile correspondent aux étapes 1, 2 et 3 du doc. a ?

4 Doc. c Classer les exemples des systèmes informatiques embarqués de ce véhicule dans 4 catégories : moteur et transmission, sécurité active, sécurité passive, vie à bord.

5 Docs d et e Lister les dispositifs d'entrée et de sortie d'un SIE et leur utilisation respective. Préciser les contraintes principales subies par un SIE.

Conclusion
Donner des exemples de SIE courants. Quels impacts ont-ils sur votre vie quotidienne ?

THÈME 6 | INFORMATIQUE EMBARQUÉE ET OBJETS CONNECTÉS | 141

UNITÉ 2 — Les Interfaces Homme-Machine

Notre quotidien est envahi par les Systèmes Informatiques Embarqués et par les objets connectés. Nous communiquons avec eux grâce à des dispositifs particuliers : les Interfaces Homme-Machine (IHM).

◉ **Comment l'homme peut-il communiquer avec les machines ?**

La diversité des IHM au cours du temps

La machine Jacquard, 1801

Doc. a De 1801 à 1960 : la carte à perforations
Joseph Marie Jacquard met au point le premier métier à tisser automatique. Il fonctionne grâce à des cartes perforées par des hommes qui imposent à la machine de croiser des fils de laine selon un motif préétabli. Les orgues de Barbarie utilisent aussi des cartes perforées jouant le rôle de la partition de musique. Plus tard, les premiers ordinateurs seront programmés à l'aide de cartes perforées.

Doc. b Les années 60 et leurs innovations
Au cours des années 60, on développe les premiers claviers pour ordinateur, qui vont vite se démocratiser.

Pour piloter les machines on crée également des télécommandes,

Clavier modèle F, par IBM

dont les premières utilisent des ultrasons avant d'être remplacées par des télécommandes utilisant des rayons infrarouges.

L'imprimante, tout comme l'appareil de télévision, permet de visualiser une image produite à partir de signaux électriques. Ainsi, la machine peut transmettre des informations à l'Homme.

Doc. c Des interfaces actuelles : les années 2000
La souris (créée en 1963) et le joystick apparaissent avec l'invention du curseur qui se déplace à la surface de l'écran et du clic qui valide une instruction exécutable. Les dernières générations de souris offrent six degrés de liberté (avec une coque pivotante) afin de naviguer plus intuitivement dans les environnements logiciels 3D (conception, médical…). Un joystick peut servir de dispositif de pointage, pour les jeux vidéos, mais aussi dans l'industrie comme les grues, machines agricoles ou commandes d'avion.

D'après Wikipedia

Cockpit d'un Airbus A380 : les pilotes manœuvrent avec un joystick

Vocabulaire

◉ **Interface :** limite commune entre deux entités. Une Interface Homme-Machine permet à un être humain de donner ou de recevoir des informations d'une machine et de la contrôler.

Les IHM d'aujourd'hui

Doc. d L'écran tactile et le smartphone

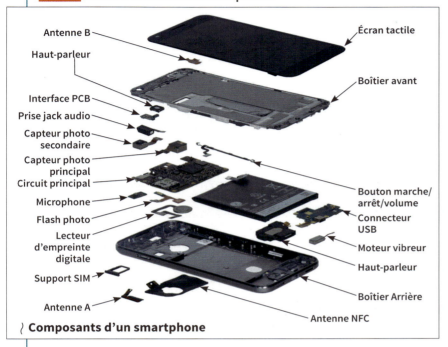

Composants d'un smartphone

L'écran tactile permet d'interagir avec le téléphone, les bornes interactives et bien d'autres objets, en gérant à la fois l'affichage et le pointage.
Un smartphone est un système informatique embarqué comportant un grand nombre de composants. C'est l'objet connecté le plus utilisé aujourd'hui en tant qu'**IHM**.

Point info !

L'idée géniale du « pincer-pour-zoomer » est apparue en 1983, mais c'est en 2007 qu'elle s'est popularisée avec la sortie du premier iPhone, incorporant cette technologie.

Doc. e Un casque de réalité augmentée
Partant du principe que « la limite fondamentale dans la technologie n'est pas sa taille ou son coût ou sa vitesse, mais comment nous interagissons avec elle », Leap Motion a conçu un casque à large vision capable de percevoir les mains de son utilisateur. Le système retransmet les mouvements sur une plateforme de réalité augmentée. Par cette prouesse, cette IHM promet à terme d'affiner les possibilités de l'expérience utilisateur.

D'après Les numériques

Lien 6.01 : leapmotion.com

Exemple de casque de réalité augmentée

Activités

1 **Docs a à e** Classer ces interfaces dans trois catégories : interface d'entrée (permet d'entrer des informations dans la machine), interface de sortie (permet à la machine de fournir des informations à l'homme), interface d'entrée-sortie.

2 **Doc. d** Identifier les éléments du smartphone et les classer dans les catégories d'un système informatique embarqué : capteurs, actionneurs, mémoire, microprocesseur, Interface Homme-Machine.

3 **Doc. d** Dresser un tableau comparatif des éléments composant les Interfaces Homme-Machine d'un smartphone et d'un ordinateur standard.

4 **Docs a à e** Citer d'autres Interfaces Homme-Machine utilisées quotidiennement dans votre environnement.

Conclusion

Préciser pourquoi le smartphone est un objet connecté. Montrer qu'il peut servir d'Interface Homme-Machine pour nombre d'objets connectés ; citer quelques exemples.

THÈME 6 | INFORMATIQUE EMBARQUÉE ET OBJETS CONNECTÉS

UNITÉ 3 — PROJET autonome

Réaliser une IHM pour smartphone

Le smartphone est un objet connecté très intégré à notre quotidien grâce aux nombreuses applications qu'il héberge. Quelles que soient celles-ci, leur exécution passe par des Interfaces Homme-Machine spécifiques aux possibilités techniques de l'appareil.

OBJECTIF Réaliser une IHM simple en développant une application sur son smartphone.

Une application d'affichage sélectif de photos

Télécharger le code source de l'application : « prise_en_main.aia »

Doc. a Tout le monde peut créer des applications qui changent le monde (MIT App inventor)

Premières étapes :

1. Créer un compte gmail de travail pour chaque élève, sous la forme pseudo_personnel@gmail.com.
2. Se connecter sur le site proposé par le MIT (Massachusetts Institute of Technology) : http://ai2.appinventor.mit.edu/

Protocole :

1. Via le menu « projet »/« importer un projet (.aia) de mon ordinateur », charger l'application nommée « prise_en_main.aia ».
2. Observer les composants de cette application dans les onglets « Designer » et « Blocs », accessibles en haut de l'écran, à droite de la barre Test.
3. Rechercher sur un site d'images libres de droits quelques photographies de votre choix et les importer dans votre projet. Pour ce faire, charger le fichier dans la fenêtre Média sous la fenêtre Composants.
4. En vous inspirant des boutons déjà existants, créer les boutons nécessaires pour vos images. Associer dans la fenêtre « Blocs » un comportement à ces boutons.
5. Tester votre travail sur votre appareil en passant par le menu « Construire » pour déposer votre application sur le store du MIT où elle restera disponible durant 2 heures.

Doc. b Conseils pour réussir son application

L'ergonomie est l'étude des conditions de travail et des relations entre l'être humain et la machine. Elle a pour but de faciliter la traduction entre ce que l'individu veut obtenir et ce que la machine va exécuter. Elle demande d'appliquer quelques principes :
– Simplicité de l'interface et distinction et de ses boutons cliquables.
– Organisation et hiérarchisation des éléments de la page et des pages.
– Respect des conventions du web pour que la navigation soit intuitive.
– Adaptabilité du contenu aux différentes surfaces d'utilisation (smartphone, tablette, PC…).
– Nécessité de donner confiance et répondre aux besoins de l'utilisateur.

Point info !

Au premier trimestre 2018, les plateformes Google Play et App Store proposent un peu plus de 6,2 millions d'applications disponibles. 27,5 milliards (19,2 milliards sur Google Play et 8,2 milliards pour l'App Store), c'est le nombre d'applications téléchargées sur cette période.

Utiliser un logiciel de création d'application pour smartphone sous Android

Doc. c Une application d'accueil qui dit « bonjour »

Point info !

On estime que les utilisateurs de smartphone passent plus de 3 heures par jour sur les applications et en utilisent près de 40 par mois.

Vocabulaire

▶ **Application :** programme qui fonctionne sur une tablette ou un smartphone.

▶ **Store :** espace sur lequel des applications gratuites ou payantes peuvent être téléchargées.

Activités

1 Docs a et b Réaliser une application sous App inventor. Tester son bon fonctionnement (*Les composants nécessaires (label et texte_à_parole) se trouvent à gauche dans les palettes Interface utilisateur et Média*).

 Télécharger le code source de l'application « bonjour.aia ».

2 Doc. c Modifier l'Interface Homme-Machine de l'application précédente pour l'adapter à d'autres contraintes :
– Ajouter une zone de texte dans laquelle un prénom devra être saisi et prononcé à la suite du « bonjour ».
– Activer le vibreur lors de l'énoncé du texte (le composant lecteur de la catégorie « Média » permet d'activer le vibreur).
– Ajouter une commande permettant de prendre une photographie de la personne (composant « caméra » de la catégorie « Média »).

Pour aller + loin

 Télécharger le code source de l'application « lumiere_distance.aia ».

▶ Proposer une application simple fonctionnant sous smartphone ou tablette. Cette application devra être décrite par un schéma de l'IHM d'accueil ainsi que par le rôle des commandes présentes sur cet écran d'accueil. Faire valider votre cahier des charges par le professeur puis réaliser l'application sous forme de programmation.

Exemple : l'application « lumiere_distance.aia » calcule la distance parcourue par la lumière entre le top départ et le top d'arrivée.

UNITÉ 4
PROJET en binôme

La barrière automatique

De nombreux systèmes informatiques embarqués sont indispensables au bon fonctionnement de notre monde, mais ils sont pourtant simples à concevoir et à fabriquer.

OBJECTIF Réaliser une barrière automatique fonctionnelle.

Du projet au matériel

⟩ **Une barrière automatique avec afficheur**

Doc. a Montage complet

Vidéo : Fonctionnement d'une barrière automatique

Doc. b Liste du matériel

un microcontrôleur Arduino™ équipé d'une plaque de connexion   un capteur de luminosité   un bouton interrupteur

Fiche à télécharger : « Mise en œuvre du matériel »

un servomoteur   un afficheur LCD   un potentiomètre

Vocabulaire

▶ **Microcontrôleur :** circuit qui regroupe les composants essentiels d'un ordinateur : entrées/sorties, processeur, mémoire.

▶ **Servomoteur :** moteur pilotable par un microcontrôleur.

▶ **Potentiomètre :** bouton rotatif dont on peut mesurer l'angle.

146

De l'algorithme à la mise en œuvre

Point info !

Portillons dans les stades, aéroports et au-delà : les barrières automatiques peuvent aussi être des barrières virtuelles (émetteur et récepteur en face), comme un compteur de passage par exemple.

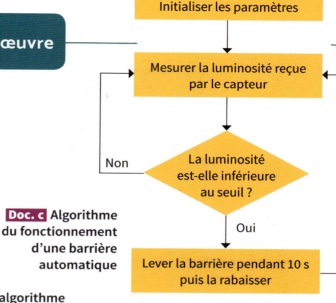

Doc. c Algorithme du fonctionnement d'une barrière automatique

Doc. d Extrait du programme correspondant à l'algorithme

```
15  void loop()        //Boucle principale
16  {
17      Luminosité = analogRead(CapteurLumière);   //Met dans la variable Luminosité la valeur issue du capteur de lumière
18      if(Luminosite<seuil)                       //si la luminosité issue du capteur est en dessous de la valeur seuil, ALORS
19      {
20          barriere.write(90);                    //met le servomoteur sur la position 90° : la barrière est levée
21          delay(10000);                          //Attend 10 s
22      }
23      else                                       //SINON
24      {
25          barriere.write(0);                     //met le servomoteur sur la position 0° : la barrière est fermée
26          delay(100);                            //Attend 100 ms
27      }
28  }
```

Télécharger le programme Arduino « BarriereAutomatique.ino »

Activités

1 **Docs a et b** Réaliser le montage à l'aide de la fiche protocole ou de la vidéo.

2 **Docs a et d** Taper le programme dans l'éditeur du microcontrôleur. Relier le microcontrôleur au micro-ordinateur. Vérifier dans « outils » que le port choisi est bien celui auquel le microcontrôleur est relié. Téléverser le programme dans le microprocesseur. Vérifier le bon fonctionnement du programme.

3 **Docs c et d** Compléter à nouveau l'algorithme de façon à ce que la barrière s'ouvre si on appuie sur un interrupteur. Proposer une modification au programme et au montage de façon à mettre en œuvre ce nouvel algorithme.

4 **Docs c et d** Compléter à nouveau l'algorithme de façon à afficher « barrière fermée » ou « barrière ouverte » sur l'afficheur, selon la position de la barrière. Proposer une modification au programme et au montage de façon à mettre en œuvre ce nouvel algorithme.

5 **Docs c et d** Compléter l'algorithme de façon à pouvoir changer la valeur du seuil grâce au potentiomètre. Proposer une modification au programme et au montage de façon à mettre en œuvre ce nouvel algorithme.

Pour aller + loin

▶ Compléter l'algorithme de façon à pouvoir afficher la valeur du seuil sur l'afficheur, et changer la couleur de ce dernier (si la barrière est fermée, l'affichage doit être rouge, si elle est ouverte l'affichage doit être vert). Proposer une modification au programme et au montage de façon à mettre en œuvre ce nouvel algorithme.

UNITÉ 5 — Le vélo à assistance électrique

S'il y a un domaine où l'objet connecté est roi, c'est bien celui des activités physiques et sportives. S'informer sur les paramètres physiologiques et extérieurs est d'ailleurs aisé grâce à la montre connectée. Même la pratique du vélo a changé avec l'arrivée du Vélo à Assistance Électrique (VAE).

▶ **Comment fonctionne un vélo à assistance électrique ?**

Un moyen de mobilité durable en plein essor

Point info !

En 1895, l'Américain Ogden Bolton Jr. posait un brevet pour un vélo dont une roue était équipée d'un moteur. De nombreux inventeurs ont tenté d'améliorer le concept sans réel succès, jusqu'en 1990 où la marque Giant s'y est intéressée. Poussés par les crises pétrolières successives et les enjeux écologiques, plusieurs fabricants suivent le mouvement. En 1995, les premiers VAE sont commercialisés en France, mais il a fallu attendre 2003 pour voir la mise en vente du vélo à batterie électrique tel que nous le connaissons.

Doc. a Le VAE : un système informatique embarqué

Le VAE est un vélo classique auquel sont ajoutés :
– un moteur électrique qui peut être situé dans la roue avant ou arrière, dans le pédalier et quelquefois déporté par courroie. La loi limite sa puissance à 250 W et sa vitesse à 25 km/h ;
– une batterie qui, selon la technologie utilisée, apporte une autonomie plus ou moins importante ;
– un contrôleur électronique qui permet de réguler les différents composants ;
– un indicateur, qui permet à l'utilisateur de connaître l'état de la batterie, le kilométrage, etc. ;
– un détecteur de pédalage.
La législation du VAE stipule que le moteur n'est qu'une assistance au pédalage. L'utilisateur doit donc toujours assurer la rotation du pédalier pour activer l'assistance électrique.

D'après *Avem.fr*

Doc. b L'interface de commande d'un VAE

Doc. c L'assistance par rotation du pédalier

C'est le système le moins coûteux et le plus courant. Situé au niveau du pédalier, un capteur détecte la rotation de celui-ci et donc le pédalage, mais non la pression exercée sur la pédale. Le moteur libère la totalité de sa puissance instantanément. Une fois lancés, les vélos électriques dotés de ce type de capteur permettent ce qu'on appelle le « pédalage symbolique » : il suffit de faire tourner les pédales, sans aucun effort réel, et de laisser le moteur prendre complètement en charge l'avancement du vélo.

D'après *Portailveloelectrique.fr*

Doc. d Un algorithme de fonctionnement d'un VAE

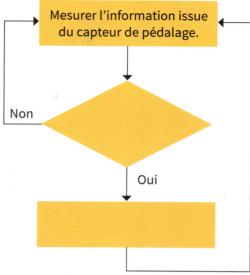

Légende :
rectangle = action,
losange = question

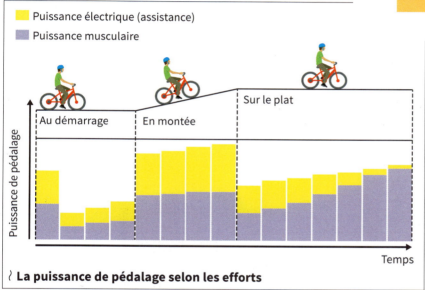

La puissance de pédalage selon les efforts

Doc. e Principe de l'assistance par capteur de pression

Le moteur démarre dès qu'il mesure la pression exercée sur la pédale. Plus l'utilisateur appuie sur les pédales, plus le moteur l'aide, même si sa cadence de pédalage est faible. Tant que l'on appuie sur la pédale, le moteur fonctionne.

Activités

1 Rappeler en quoi le VAE est un système informatique embarqué (SIE).

2 Docs a à c Classer les éléments du VAE dans le tableau ci-dessous et indiquer le rôle de chacun de ces éléments, en précisant, le cas échéant, si ce sont des entrées ou des sorties du SIE.

Capteur	Actionneur	Micro-processeur/ mémoire	Interface Homme-Machine

3 Doc. d Compléter l'algorithme de fonctionnement du VAE (sans y inclure l'indicateur). Quel est l'inconvénient d'un tel système pour l'utilisateur ? Pour l'autonomie de la course ?

4 Doc. e En s'inspirant de l'algorithme de l'activité 1, proposer l'algorithme de l'assistance par capteur de pression. Quelle est l'amélioration apportée par un tel système pour l'utilisateur ? Pour l'autonomie de la course ?

Conclusion

Identifier les évolutions apportées par les algorithmes à l'assistance au pédalage d'un vélo électrique.

THÈME 6 | INFORMATIQUE EMBARQUÉE ET OBJETS CONNECTÉS | 149

UNITÉ 6 — Le véhicule autonome

Un véhicule autonome est apte à rouler, sur route ouverte, dans le trafic ambiant et surtout sans intervention d'un conducteur. Avec l'arrivée des premiers modèles fonctionnels, on fait néanmoins face à de multiples interrogations.

▶ **Quels enjeux se posent pour la voiture autonome ?**

Le fonctionnement d'une voiture autonome

 Lien vidéo 6.02 : conduire une voiture autonome

Doc. a Qu'est-ce qu'une voiture autonome ?

Le véhicule est équipé de capteurs qui servent à modéliser son environnement en trois dimensions et à identifier les éléments qui le composent (signalisation, bâtiments, véhicules, piétons…). L'ensemble des informations est traité par un programme qui analyse les données et décide des manœuvres à effectuer. Les actionneurs permettent ensuite de contrôler les fonctions de la voiture (direction, freinage, accélération, clignotants…) afin qu'elle puisse progresser sur la route tout en respectant les règles de circulation et éviter les obstacles.

Point info !

En 1983, le VAL (Véhicule Automatique Léger) de Lille est le premier métro automatique du monde à être mis en service. Dès 2016, les navettes autonomes apparaissent dans plusieurs villes de France.

Doc. b En route vers la voiture autonome

Niveau 1 — Conduite assistée (système « hands on ») Cogestion du contrôle de la voiture par l'usager et la machine grâce à des dispositifs d'aide à la conduite.

Niveau 2 — Conduite partiellement automatisée (système « hands off ») La trajectoire de la voiture (mouvements longitudinaux et latéraux) est gérée par la machine. Le conducteur peut temporairement lâcher le volant.

Niveau 3 — Conduite conditionnellement automatisée (système « eyes off ») La trajectoire est gérée automatiquement et la voiture alerte le conducteur s'il doit reprendre impérativement la main.

Niveau 4 — Conduite hautement automatisée (système « mind off ») La voiture garantit la sécurité même en cas de défaillance ou d'événement imprévu.

Niveau 5 — Conduite totalement automatisée La conduite est assurée par un logiciel d'intelligence artificielle, sur tout type de routes. Le conducteur devient un simple passager.

Vocabulaire

▶ **Centrale à inertie :** capteur qui mesure les déplacements d'un objet mobile afin d'estimer son orientation et sa position.

▶ **Odomètre :** appareil mesurant la vitesse et la distance parcourue par une voiture grâce au nombre de rotations d'une roue et en fonction de sa circonférence.

▶ **Intelligence artificielle :** ensemble de programmes informatiques complexes capables de reproduire certains traits de l'intelligence humaine (raisonnement, apprentissage, créativité).

▶ **Redondance :** plusieurs capteurs distincts fonctionnant sur des principes différents mesurent la même chose.

Point info !

Un véhicule d'essai actuel génère 5 à 10 To de données par jour ! C'est l'équivalent de la réalité virtuelle de son environnement, d'où un fort coût écologique dû au stockage et à l'échange de cette quantité d'informations.

Informatique embarquée et intelligence artificielle au volant

Grâce aux différents capteurs, la voiture "voit" tout autour d'elle, de près comme de loin.

Doc. c Comment l'ordinateur voit son environnement

L'ordinateur central Ses processeurs multi-cœurs assurent le traitement de centaines de mégaoctets par seconde.

L'antenne permet l'accès au GPS et aux réseaux de données (4G, 5G).

- Caméra longue portée
- Caméra conducteur
- Caméra latérale de rétroviseur
- Affichage tête haute
- Calculateur du moteur
- Capteurs à ultrasons (12, répartis à l'avant et à l'arrière).
- Radar longue portée
- Lidar avant
- Système de freinage
- Centrale à inertie et odomètre
- Lidar arrière
- Caméra arrière
- Radar arrière droit

Les caméras identifient les marquages au sol, les panneaux et feux ainsi que les piétons, animaux, etc. Portée : 50 à 500 m.

Caméra stéréo — Caméra latérale et arrière

Le radar détecte la position et la vitesse des véhicules alentour. Portée : 30 à 250 m.

Le lidar cartographie en 3D l'environnement à l'aide d'un laser. Il perd en précision sous la pluie. Portée : 50 à 150 m.

Une carte en trois dimensions créée par la voiture Google

Doc. d La prise de décision

Les informations brutes collectées par tous les capteurs sont acheminées vers le **microprocesseur**. C'est lui le pilote. Le **logiciel** analyse et recoupe les **données en temps réel**. Son analyse et repose sur une **intelligence artificielle**.

Ce logiciel a effectué au préalable une phase d'apprentissage pour pouvoir analyser correctement l'environnement extérieur et reconnaître par exemple un visage ou un panneau de signalisation. Il a mémorisé de nombreux scénarios, comme l'arrêt brutal d'une voiture, pour être capable d'adapter sa réponse en toutes circonstances.

Activités

1 Docs a et b À l'aide d'une recherche internet, vérifier à quel niveau d'autonomie se situent les véhicules aujourd'hui.

2 Doc. c Retrouver les éléments d'architecture du système informatique embarqué, et les classer dans les catégories capteurs, actionneurs, microprocesseur/mémoire, Interface Homme-Machine.

3 Docs c et d De nombreux capteurs semblent servir à la même chose, et pourtant il est important qu'ils soient tous présents dans le véhicule autonome, notamment en termes de sécurité. Expliquer l'intérêt de cette redondance.

4 La mise en circulation de véhicules autonomes n'est pas liée qu'à des contraintes technologiques. À l'aide d'une recherche internet, énoncer quelques problèmes juridiques, écologiques et moraux qui doivent être étudiés pour intégrer ces véhicules dans notre société.

Conclusion

Rédiger une synthèse expliquant le fonctionnement de la voiture autonome, et quelle est son intégration actuelle dans notre environnement.

UNITÉ 7
PROJET en binôme

Programmer un robot autonome

Les robots mobiles autonomes sont de plus en plus nombreux, que ce soit dans l'industrie (chaîne de production, logistique en entrepôt…), ou dans notre environnement familier (aspirateurs robots par exemple).

OBJECTIF Programmer le déplacement automatique d'un robot mobile autonome.

Doc. a Le robot Thymio™

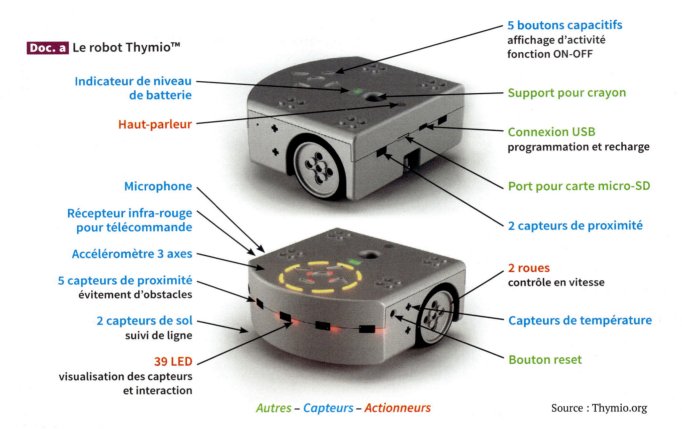

- Indicateur de niveau de batterie
- Haut-parleur
- Microphone
- Récepteur infra-rouge pour télécommande
- Accéléromètre 3 axes
- 5 capteurs de proximité — évitement d'obstacles
- 2 capteurs de sol — suivi de ligne
- 39 LED — visualisation des capteurs et interaction
- 5 boutons capacitifs — affichage d'activité fonction ON-OFF
- Support pour crayon
- Connexion USB — programmation et recharge
- Port pour carte micro-SD
- 2 capteurs de proximité
- 2 roues — contrôle en vitesse
- Capteurs de température
- Bouton reset

Autres – Capteurs – Actionneurs

Source : Thymio.org

Thymio™ est un robot éducatif doté de nombreux capteurs et actionneurs. Ces éléments sont contrôlés par un microcontrôleur programmable à l'aide de différents langages, allant d'une interface graphique à un environnement textuel. On peut ainsi programmer ce robot pour qu'il agisse de façon autonome et qu'il suive une ligne, se déplace dans un labyrinthe, émette de la musique ou encore trace une ligne au sol.

Doc. b Les boutons du robot Thymio™

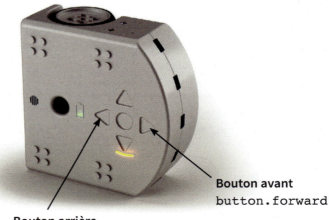

- Bouton arrière `button.backward`
- Bouton avant `button.forward`

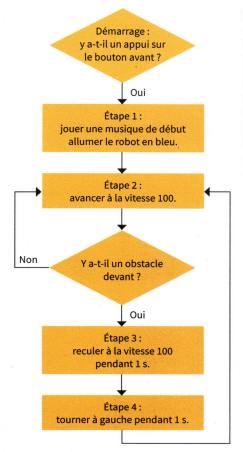

Doc. c Exemple d'algorithme
Voici un algorithme décrivant un fonctionnement de déplacement autonome du robot Thymio™.

Doc. d Extrait d'un programme pour piloter le robot

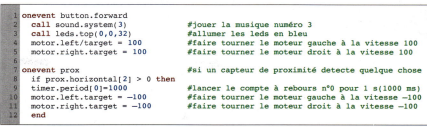

Ce programme en langage Aseba (langage de Thymio™) correspond à l'algorithme du doc. c.

Télécharger le « programmeThymio.aesl »

Doc. e Les variables du robot Thymio™

Activités

1 **Doc. a** En quoi Thymio™ est-il un système informatique embarqué ? Justifier.

2 **Docs b, c et d** Dans le programme, quelles sont les lignes qui correspondent à l'étape 1 de l'algorithme ? à l'étape 3 ? Quelle est l'instruction qui permet de détecter l'appui sur le bouton avant ?

3 **Docs d et e** Lancer le logiciel Aseba Studio et y connecter le robot Thymio™. Dans la partie « Variables », cliquer sur « Syncronize » et développer « prox.horizontal » comme sur le doc. e. En approchant votre main des capteurs de proximité, vérifier que les valeurs de prox.horizontal changent. Expliquer alors le fonctionnement de la ligne 8 du programme.

4 **Docs c à e** Entrer le programme correspondant à l'algorithme et mettre en œuvre le fonctionnement de ce dernier avec le robot Thymio™.

5 **Docs b et c** Compléter l'algorithme de façon à ce que, si on appuie sur le bouton arrière, le robot s'arrête.

6 **Doc. d** Modifier alors le programme afin de correspondre à ce fonctionnement. Vérifier le fonctionnement.

Pour aller + loin

▶ Il existe sous Thymio™ deux capteurs permettant de détecter un sol sombre ou clair : `prox.ground.reflected[0]` et `prox.ground.reflected[1]`. Comme dans la question 3, vérifier leur fonctionnement dans la partie « Variables » puis compléter l'algorithme et modifier le programme pour que le robot puisse suivre une ligne noire dessinée sur le sol.

UNITÉ 8

Enjeux éthiques et sociétaux des objets connectés

L'informatisation des objets devient considérable dans notre quotidien. Malgré les contraintes de fiabilité qu'ils doivent respecter, leur existence provoque des interrogations d'origines sociétale, juridique, éthique ou écologique.

▶ **Quels impacts ont l'informatique embarquée et les objets connectés sur la société ?**

Doc. a Impacts des véhicules autonomes sur la société

L'arrivée des véhicules autonomes aura beaucoup d'impacts sur la société. C'est une vraie révolution qui s'annonce, accompagnée de nombreuses questions. Certes, des personnes âgées ou handicapées pourront regagner en autonomie, mais des métiers ne vont-ils pas disparaître ? D'autres se créer ? L'impact sur l'environnement sera-t-il positif ou négatif ?

La voiture autonome promet notamment d'améliorer la sécurité routière en réduisant le nombre d'accidents graves. Cependant, la place de l'intelligence artificielle au volant pose une question d'ordre éthique. Lors d'un accident, quelle décision prendrait le programme entre sauver un piéton qui traverse au rouge ou sauvegarder la sécurité des passagers ? Cela pose la question de la responsabilité des algorithmes et de leurs concepteurs aussi, car ce sont eux qui décident de la hiérarchisation des priorités au moment de la programmation.

> ❝ Un algorithme fait ce que vous lui avez dit de faire, pas ce que vous voulez qu'il fasse !
>
> Source : Troisième loi de Greer

Point info !

La Convention de Vienne stipule que le conducteur doit toujours rester maître de son véhicule mais autorise depuis 2016 les systèmes automatisés « à condition qu'ils puissent être contrôlés voire désactivés par le conducteur ».

Doc. b Quand nos smartphones sont espionnés

Vincent Roca (membre de l'équipe Privatics de l'Inria) nous parle des applications et du respect de la vie privée en compagnie de Joanna Jongwane.
Quel modèle économique se cache derrière le service rendu par une application ? Comment les smartphones se comportent-ils avec nos données ? Comment protéger sa vie privée et ses données ?

Doc. c Une véritable aide pour les personnes en situation de handicap

Tout comme les téléphones mobiles et les SMS ont changé la vie des sourds et des malentendants, les enceintes intelligentes peuvent faciliter le quotidien des malvoyants et des aveugles, ou rassurer une personne âgée qui peut appeler à l'aide en cas de chute, par exemple. Des bracelets ou vêtements connectés peuvent également mesurer des paramètres vitaux en permanence et prévenir les secours en cas de malaise. Toutefois, la collecte de données personnelles ne se fait-elle pas au détriment de la liberté de la personne ?

🖱 **Lien 6.03 :** initiatives d'aide aux personnes handicapées

Doc. d Des utilisations des drones

Aujourd'hui, les drones servent entre autres à la prise de vue aérienne ou à l'examen de zones inaccessibles. Ils sont employés dans un nombre croissant d'usages très spécialisés et parfois insolites. Un drone peut par exemple scanner un ouvrage d'art ou un bâtiment pour assurer le suivi de sa maintenance et ainsi prévenir sa détérioration.

Lien 6.04 :
projet d'inspection par un drone

En septembre 2018, lors d'un exercice de secours à Lescun (64), les pompiers ont testé l'utilisation d'un drone pour repérer les victimes, mais également transmettre aux équipes près d'elles une corde pour les redescendre.

Les drones peuvent aussi intervenir à la suite d'avalanches, pour guider les recherches des survivants sous la neige à l'aide d'une caméra thermique. Les drones de loisirs sont quant à eux assez décriés car ils peuvent être utilisés pour filmer n'importe où. La difficulté de neutraliser les drones occasionne parfois des conséquences lourdes comme à l'aéroport de Gatwick (Londres) en décembre 2018. Des drones volant aux alentours ont provoqué l'annulation et le détournement d'un millier de vols.

Un drone utilisé en renfort pour une opération de secours en montagne.

Doc. e L'ours connecté mal sécurisé

Source : CNIL

Lien 6.05 :
infographie complète

Doc. f La communication entre l'Homme et la machine

Lien 6.06 :
tout un dossier à étudier.

Activités

ITINÉRAIRE 1

À l'aide de ces documents et de recherches sur internet, développer un argumentaire à propos des bienfaits que peuvent apporter les systèmes informatiques embarqués et objets connectés dans notre société.

ITINÉRAIRE 2

À l'aide de ces documents et de recherches sur internet, développer un argumentaire à propos des risques et inconvénients que peuvent apporter les systèmes informatiques embarqués et objets connectés dans notre société.

Conclusion

Réaliser un débat oral contradictoire et argumenté entre le groupe d'élèves suivant l'itinéraire 1 et celui suivant l'itinéraire 2.

THÈME 6 | INFORMATIQUE EMBARQUÉE ET OBJETS CONNECTÉS | 155

LE MAG' DES SNT

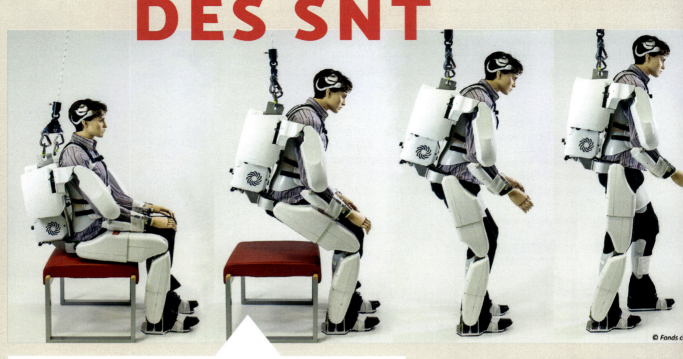

👁 Grand angle

En 2018, au centre de recherche grenoblois Clinatec, un patient tétraplégique est parvenu à commander un **exosquelette** par sa pensée, grâce à des capteurs implantés à la surface de son cerveau. Depuis, le même miracle se reproduit régulièrement. « Nous n'imaginions pas que nous irions si vite », s'enthousiasme le Pr Alim-Louis Benabid, le neurochirurgien à l'origine du projet BCI (Brain Computer Interface). Grâce à un entraînement intensif, le jeune homme paralysé est arrivé à placer ses bras dans trois positions différentes et à faire pivoter ses poignets. Par la suite, il est arrivé à déclencher et arrêter le mouvement de la marche, celle-ci étant gérée par le système robotisé incorporé dans l'exosquelette. L'équilibre n'est pas encore parfait mais le jeune homme réussit déjà à synchroniser plusieurs mouvements. Avec encore un peu d'entraînement, il pourra accomplir ces gestes de manière automatique, tout comme chez une personne valide qui n'a pas besoin de « penser » à bouger le bras pour attraper un livre sur une étagère !

> ❝ **Je pense donc je bouge**

 Lien vidéo 6.07 : comment réparer l'humain

Vocabulaire

▶ **Exosquelette :** équipement motorisé et articulé, fixé sur le corps, qui permet d'aider les muscles, ou de s'y substituer.

VOIR !
Iron Man 3

Iron Man 3 présente l'affrontement entre l'impétueux, mais brillant, Tony Stark et un ennemi qui n'a aucune limite.
Le corps d'Iron Man est celui d'un homme lambda, rendu surpuissant par une armure de haute technologie. Conçue à l'aide des impressionnantes compétences scientifiques de Stark, elle lui confère une force et une résistance surhumaine grâce à ses multiples armes, capteurs et systèmes électroniques. Confronté cette fois à une force destructrice qui le dépasse, Stark va devoir confier à son seul génie la mission de sauver la situation et de protéger son entourage. Dans cette quête de vengeance il sera amené à répondre à une question qui le hante : **est-ce l'homme qui fait l'armure ou l'armure qui fait l'homme ?**

ET DEMAIN ?

Commander une machine directement par le cerveau ne relève plus de la science-fiction ! Un peu partout dans le monde, les « **interfaces cerveau-machine** » suscitent l'enthousiasme et motivent les chercheurs. Un jour prochain, c'est sûr, la recherche redonnera de l'autonomie aux personnes portant de lourds handicaps. Aujourd'hui, on commence à travailler sur l'implantation de capteurs directement au contact de l'encéphale.

En attendant, les derniers résultats s'avèrent spectaculaires. En Californie, un quinquagénaire tétraplégique arrive à sélectionner des lettres au rythme de 38 caractères par minute. Dans l'Ohio, un étudiant parvient même à jouer de la guitare électrique très simplifiée, grâce à des électrodes posées simplement sur son bras. Pour les aveugles, des prototypes d'œil bionique voient le jour et permettent de distinguer à nouveau les formes.

> **Redonner de la mobilité aux personnes handicapées**

Dans un futur très proche, le casque immersif reliera l'utilisateur à l'ordinateur via une interface neuronale directe. Celle-ci détecte l'activité neuronale du cerveau (**les signaux EGG**), mais aussi les contractions des muscles du visage. Quand on pense par exemple à marcher en avant, le casque se calibre en détectant le type de signal produit par le cerveau. Il l'interprète et envoie l'instruction « marcher » dans une application, comme un jeu vidéo.

Vidéo : un exosquelette contrôlé par la pensée

MÉTIER

ERGONOME IHM

Amanda vous parle de son métier

« [C'est un métier] un peu hybride entre la créativité, la technique, et la psychologie. L'ergonomie de l'OBJET, ça consiste à concevoir sa forme, sa texture, son poids, etc., pour que l'objet soit facile à utiliser. Mon cœur de métier, c'est de faire des maquettes pour des logiciels. Mais pour ça je rencontre des utilisateurs, je leur fais tester nos interfaces, on fait des ateliers avec eux pour comprendre leurs besoins, etc. Et puis il y a toutes les interactions avec les autres équipes, le développement, les testeurs, les graphistes… »

Lors du développement, la conception de l'interaction représente plus de la moitié du coût et pendant la maintenance, deux tiers des demandes concernent des changements d'interface demandés par les utilisateurs.

D'après *Mademoizelle.com*

En bref

1

LA VIE ÉTERNELLE ?

Les interfaces cerveau-machine pouvant être unidirectionnelles aussi bien que bidirectionnelles, permettent au cerveau d'envoyer des données à un ordinateur, qui peut potentiellement les stocker. L'épisode *"San Junipero"* de la série Black Mirror, décrit un monde utopique dans lequel les humains en fin de vie ont la capacité de télécharger leur conscience et de vivre dans une sorte de paradis virtuel pour l'éternité.

2

LE CERVEAU, OBJET DE CYBERATTAQUES

Dans les cinq années à venir, des scientifiques pensent pouvoir enregistrer sous forme électronique les signaux cérébraux qui créent les souvenirs, puis les enrichir, voire les réécrire avant de les réimplanter dans le cerveau. D'ici vingt ans, la technologie pourrait permettre une prise de contrôle poussée des souvenirs. Parmi les nouvelles menaces : la manipulation de populations par l'implantation ou l'effacement de souvenirs relatifs à des événements politiques, des conflits ou des vols. Des entreprises spécialisées en cybersécurité comme Kapersky Lab entreprennent déjà des recherches et le développement de ces technologies.

THÈME 6 | INFORMATIQUE EMBARQUÉE ET OBJETS CONNECTÉS | 157

BILAN

Les notions à retenir

DONNÉES ET INFORMATIONS
Dans un Système Informatique Embarqué, les données proviennent soit des capteurs, soit des informations fournies par l'utilisateur par l'intermédiaire d'une Interface Homme-Machine (IHM). Elles sont traitées par le microprocesseur et servent à piloter des actionneurs et/ou informer l'utilisateur par l'intermédiaire de l'IHM.

ALGORITHMES + PROGRAMMES
Dans un système informatique embarqué, les logiciels doivent répondre en « temps réel », c'est-à-dire que les données doivent être traitées sous forme d'informations dans un temps donné afin de réagir au mieux. La conception des algorithmes de traitement doit donc prendre en compte cette spécificité afin d'obtenir des programmes optimisés.

MACHINES
Les systèmes embarqués reposent sur des capteurs, des actionneurs et des microprocesseurs équipés de mémoire, qui doivent souvent tenir dans un encombrement réduit, tout en limitant leur consommation d'énergie.

IMPACTS SUR LES PRATIQUES HUMAINES
Les systèmes informatiques embarqués se multiplient dans l'environnement, dans de nombreux domaines (santé, loisirs, sécurité…) et peuvent aller jusqu'à exposer des vies humaines (voiture autonome par exemple). La sécurité de ces systèmes doit être primordiale, tant du point de vue du fonctionnement que du point de vue de la cybersécurité et du piratage.

Les mots-clés

- Informatique embarquée
- Interface Homme-Machine
- Capteurs
- Actionneurs
- Données
- Algorithme de traitement des données
- Cybersécurité

LES CAPACITÉS À MAÎTRISER

- Réaliser une IHM simple.
- Écrire des programmes permettant d'acquérir des données de capteurs.
- Écrire des programmes permettant de piloter des actionneurs.
- Comprendre comment les systèmes informatiques embarqués traitent les données.

L'essentiel en image

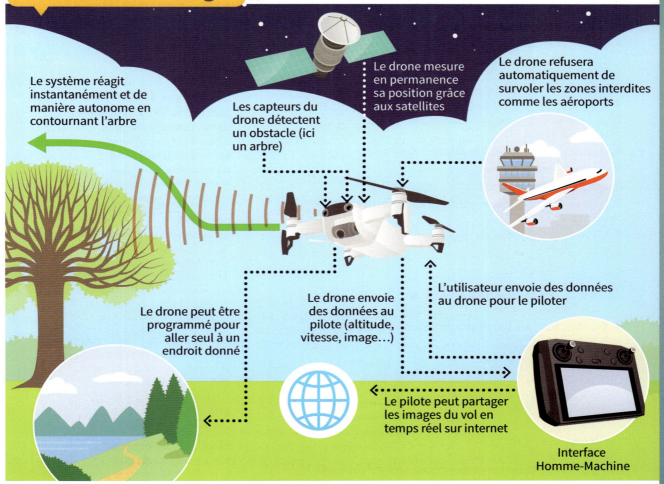

Des comportements RESPONSABLES

Ne pas tout autoriser par défaut sur son smartphone
Limiter l'accès au microphone, à la caméra, à la géolocalisation…, aux différentes applications.

Faire attention à la sécurité des objets connectés
Un objet connecté mal protégé peut être piraté pour livrer des informations personnelles.

Être attentif(ve) à la sécurité en domotique
Un système domotique mal protégé peut renseigner sur l'absence au domicile par exemple.

EXERCICES

Se tester

• VRAI OU FAUX •

1. Un système informatique embarqué est un système installé dans un engin forcément en mouvement.
2. Une montre connectée est un système informatique embarqué.
3. Un système embarqué possède obligatoirement un microprocesseur.
4. Un écran tactile est une Interface Homme-Machine.
5. Un moteur est un capteur.
6. Une imprimante est une Interface Homme-Machine.
7. Un système informatique embarqué est forcément un objet connecté.
8. Un aspirateur robot est un système informatique embarqué.

• RELIER •

9. Quelles sont les fonctions de ces interfaces ?

écran
interrupteur
haut-parleur   permet à la machine de
imprimante   fournir des informations
souris   à l'homme
joystick
témoin lumineux   permet à l'homme de
clavier   fournir des informations
télécommande   à la machine

10. Quelles sont les correspondances entre ces mots ?

muscle
cerveau   microprocesseur
nez
œil   capteur
peau
voix   actionneur
oreille

plusieurs réponses possibles.

11. Dans un système informatique embarqué l'information traitée par le microprocesseur provient :
a. des Interfaces Homme-Machine ;
b. des actionneurs ;
c. des capteurs ;
d. de la mémoire.

12. Une Interface Homme-Machine permet de :
a. transmettre des informations aux utilisateurs ;
b. contrôler le fonctionnement du système informatique embarqué ;
c. donner des informations aux capteurs ;
d. créer une interaction entre l'homme et la machine.

13. Le logiciel d'un système informatique embarqué doit :
a. fonctionner en temps réel ;
b. être à l'abri du piratage ;
c. fonctionner sans erreurs ;
d. se préoccuper de la consommation d'énergie du système.

14. Un algorithme est :
a. un synonyme de programme informatique ;
b. un extrait d'algue qui permet de réguler le rythme du sommeil ;
c. une suite d'actions qui permet de traiter un problème ;
d. un capteur d'un système informatique embarqué.

15. Chercher l'intrus dans la liste de mots suivante :
joystick, souris, clavier, imprimante, interrupteur.

16. Compléter le texte :
Les objets connectés sont des objets qui traitent des … reçues de l'environnement grâce à des … et interagissent avec l'homme à l'aide … Homme-Machine. Ils sont appelés connectés, car ils peuvent … entre eux ou avec des ordinateurs via des connexions (Bluetooth, wifi…).

Corrigés p. 202

Exercice guidé

17. La mission Mars 2020

En 2020, la NASA (*National Aeronautics and Space Administration*) et le JPL (*Jet Propulsion Laboratory*, centre de recherche de la NASA) ont planifié l'envoi d'un robot astromobile nommé « Mars 2020 ». Hormis son instrumentation scientifique, l'engin spatial est pratiquement une copie de la sonde spatiale Mars Science Laboratory qui a posé avec succès le rover Curiosity sur Mars en août 2012.

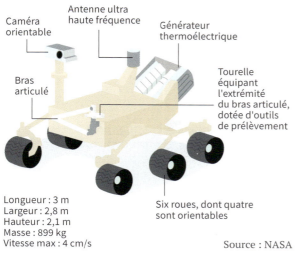

Doc. a Composants du rover Curiosity

Auto-portrait du rover Curiosity sur Mars, octobre 2012
Curiosity a déjà parcouru plus de 18 km durant sa mission.

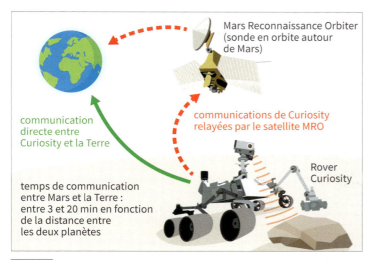

Doc. b Communication Terre-Curiosity

Aides

– les systèmes embarqués sont constitués d'un microprocesseur associé à une mémoire, d'une source d'énergie, de capteurs, d'actionneurs, et de moyens de communication avec les êtres humains.
– un système autonome est un système capable de réagir à son environnement sans être piloté à distance.

1. Doc. a Le rover Curiosity est-il un système informatique embarqué ? Justifier en listant ses éléments et la catégorie à laquelle ils appartiennent.

2. Doc. b Expliquer pourquoi le rover Curiosity doit être totalement autonome.

THÈME 6 | INFORMATIQUE EMBARQUÉE ET OBJETS CONNECTÉS | 161

EXERCICES

S'entraîner

18. L'hoverboard

Doc. a Un hoverboard

Doc. b Extrait du manuel d'utilisation de l'hoverboard

Un hoverboard combine deux technologies principales pour gérer votre équilibre et votre stabilité : les gyroscopes (qui mesurent la position des pédales) et les accéléromètres (qui mesurent les changements de vitesse). Un microprocesseur analyse en temps réel les données envoyées par les capteurs (gyroscope et accéléromètre), ainsi que la vitesse, et calcule automatiquement les instructions appropriées à transmettre aux moteurs pour garder l'équilibre. Un témoin lumineux indique le niveau de charge de la batterie, et un autre indique la bonne ou mauvaise utilisation du hoverboard, tandis qu'un haut-parleur permet d'émettre des signaux d'avertissement.

1. Le hoverboard est-il un système informatique embarqué ? Justifier.
2. Citer les capteurs de l'hoverboard.
3. Citer les actionneurs de l'hoverboard.
4. Quels sont les éléments faisant partie de l'Interface Homme-Machine de l'hoverboard ?

19. Manette de jeu Dualshock PS4

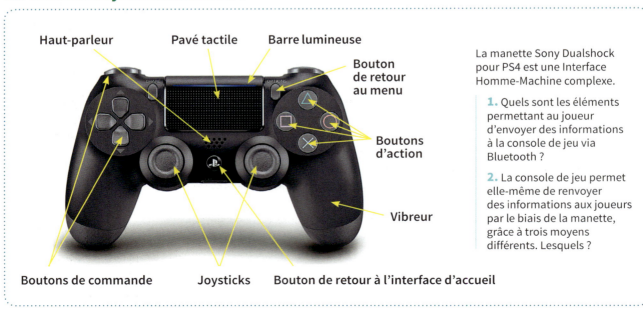

La manette Sony Dualshock pour PS4 est une Interface Homme-Machine complexe.

1. Quels sont les éléments permettant au joueur d'envoyer des informations à la console de jeu via Bluetooth ?

2. La console de jeu permet-elle même de renvoyer des informations aux joueurs par le biais de la manette, grâce à trois moyens différents. Lesquels ?

162

20. Temps de réaction d'un conducteur

1. Un test en ligne (https://www.humanbenchmark.com/tests/reactiontime) permet de mesurer votre temps de réaction. Rendez-vous à l'adresse citée, cliquer sur la fenêtre bleue et attendre qu'elle devienne verte pour cliquer le plus rapidement possible. Renouveler l'essai 5 fois pour obtenir votre temps de réaction.

2. Faire à nouveau la mesure de votre temps de réaction moyen mais, cette fois-ci, en écoutant votre musique préférée avec des écouteurs. Que constate-t-on ?

3. Citer plusieurs facteurs dont peut dépendre le temps de réaction d'un conducteur.

4. Quel est l'intérêt d'utiliser un système de freinage automatique d'urgence dans une voiture ?

Lien 6.08 :
humanbenchmark.com

Enquête

21. Des conséquences de la conception d'une IHM

Doc. a Une interface complexe

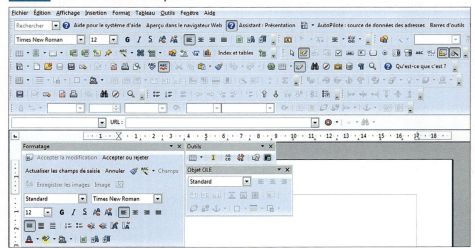

Doc. c Quelques réussites commerciales

En 1988, le design ergonomique des télécommandes Thomson Multimédia leur offre un véritable avantage concurrentiel ; plusieurs millions d'exemplaires en ont été vendus.

En 1994, le système de réglage du décodeur satellite DSS, conçu en relation étroite avec les utilisateurs, a largement dépassé les prévisions de vente.

Americatech, une compagnie américaine de télécommunication, a revu les écrans de saisie utilisés par ses assistants de direction, réduisant de 600 ms le temps moyen pour traiter un appel. Il en a résulté un gain de 2,94 millions de dollars par an.

En 2005, l'American Heart Association constate une baisse des dons en ligne alors que le nombre de visiteurs entrant dans la section « donation » est important. La modification de l'agencement des pages et du parcours vers le bouton « don en ligne » a permis aux dons d'augmenter de 60 %.

D'après le livre « UX Design et ergonomie des interfaces ».

Doc. b Crash du mont Saint-Odile

Le 20 janvier 1992 un Airbus A320 de la compagnie Air Inter s'écrase près du mont Saint-Odile en Alsace, faisant 87 victimes. L'hypothèse la plus probable pour expliquer l'incident fut une erreur de pilotage due à une confusion liée à l'affichage du taux de descente de l'appareil, qui se fait sur le même cadran que l'angle de descente. Le pilote aurait confondu les deux données.

Le design de l'affichage des informations a été modifié suite à cet accident.

▶ Rédiger une synthèse des documents permettant d'expliquer l'importance de la conception d'une Interface Homme-Machine.

THÈME 7 — La photographie numérique

Panorama de la ville de Shanghai (Chine)

Lien 7.01

Cette photo à 195 milliards de pixels a été capturée depuis le sommet de la plus haute tour de la ville de Shanghai (la Perle de l'Orient, 230 m de hauteur). Sa grande définition permet de zoomer jusqu'à afficher en détail les visages des passants ! Cet exploit fut possible grâce à l'assemblage de milliers de clichés pris en l'espace de quelques secondes.

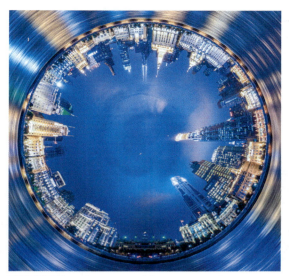

Doc. a La photographie panoramique sphérique à 360°

Elle permet de créer des images très originales et est utilisée pour réaliser des visites virtuelles.

Vidéo-débat

Doc. b *Deepfakes* et désinformation

▶ Qu'est-ce qu'un *Deepfake* ? Quels risques pour la société peut entraîner ce type de vidéos ?

1,200 milliards

C'est le nombre de photos réalisées sur notre planète en 2017. Elles ont été réalisées à 85 % avec des smartphones, à 5 % avec des tablettes et seulement à 10 % avec des appareils photos.

Source : Statista

Parole d'expert

Jusqu'à l'arrivée de la photo numérique, la photo n'existait que sous sa forme « physique » : négatifs, positifs, tirages papier, archives vouées à la sauvegarde de la mémoire, à l'information ou à l'art.
La photographie numérique et sa généralisation ont considérablement changé nos pratiques et notre approche de la photo. La gratuité, l'immédiateté, la réplique facile des images ainsi que l'usage des smartphones ont formalisé et accru nos usages. On prend en photo sa place de parking pour retrouver son véhicule, son assiette au restaurant ou encore des « selfies » pour les partager sur les réseaux sociaux. On perd cependant la notion d'archivage alors qu'il suffit d'une mauvaise manipulation pour perdre à jamais des milliers d'images. Nous évoluons dans un monde où il ne s'est jamais réalisé autant de photos, mais où il en restera peut-être le moins pour les générations futures.

Doc. c Photographie numérique, le virage des années 2000

▶ Quel avenir pour les photos d'aujourd'hui ?

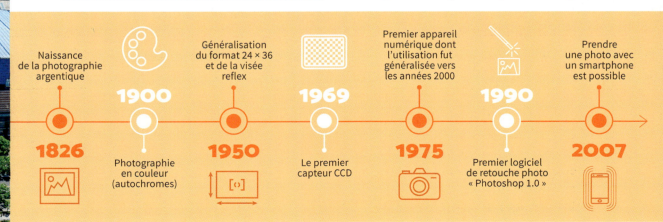

UNITÉ 1 — À l'origine, la vision humaine

Nous percevons la réalité qui nous entoure à travers nos sens. Cette réalité est surtout constituée d'images perçues par nos yeux et interprétées par le cerveau. L'œil lié au cerveau est l'appareil photo du corps humain.

▶ Qu'est-ce que la vision humaine ?

Captation des images par l'œil

Doc. a La réception des images dans l'œil

Iris, adapte la taille de la pupille à l'éclairement
Rétine, comporte les photorécepteurs
Pupille, régule la quantité de lumière entrant dans l'œil
Cristallin
Cornée
Sclérotique
Rayon lumineux

Un œil humain

Les rayons lumineux convergent et se concentrent sur la rétine grâce à la cornée et au cristallin qui fonctionnent ensemble comme une seule lentille.
La rétine est la surface sensible à la lumière. Selon l'intensité lumineuse qu'elle reçoit, la pupille se rétracte (forte luminosité) ou se dilate (faible luminosité).
Mais la lumière doit encore parvenir dans la profondeur de la rétine, où se trouvent les cellules visuelles. Seuls 10 % des rayons y parviennent.

Point info !

Un photon, soit la lumière émise par une bougie perçue à une distance de 1,5 km, est la plus petite quantité de lumière visible par l'œil humain. L'œil peut transformer cette lumière (des photons) en images (des pixels) : on estime que la résolution de l'œil est équivalente à 576 mégapixels.

Doc. b La mise au point d'une image nette

Pour que l'image perçue soit nette, il faut qu'elle se forme précisément sur la surface de la rétine, ni en avant, ni derrière celle-ci. Pour cela, l'œil peut réaliser une **mise au point** en faisant varier l'épaisseur du cristallin : c'est l'**accommodation** qui permet de régler la netteté.

Rayons lumineux parallèles
Cristallin aplati, pour une plus faible convergence

Observation d'un objet lointain

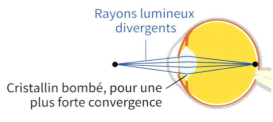

Rayons lumineux divergents
Cristallin bombé, pour une plus forte convergence

Observation d'un objet proche

Vocabulaire

▶ **Photorécepteur** : cellule sensible aux stimuli lumineux.

▶ **Accommodation** : mise au point réalisée par l'œil en faisant varier l'épaisseur du cristallin.

Perception des couleurs par l'œil

Doc. c Les cellules et la perception visuelles

1. La lumière arrive et pénètre dans l'œil par la cornée, la pupille et le cristallin.
2. La lumière atteignant la rétine active des **photorécepteurs** (cellules en cônes et en bâtonnets). Les cônes (sensibles au rouge, vert et bleu) captent les couleurs, et les bâtonnets détectent seulement la luminosité (en particulier les faibles luminosités).
3. Le signal capté par les photorécepteurs circule vers le nerf optique par des cellules nerveuses.
4. Les différentes informations sont transmises au cerveau qui va les traiter pour reformer une image complète.

Doc. d Lumière perçue et radiations lumineuses

La lumière est constituée d'un ensemble de radiations lumineuses caractérisées par leur longueur d'onde.
Notre œil ne perçoit qu'une petite partie de la lumière naturelle. On appelle cette partie le « spectre visible ». Certains animaux sont capables de percevoir d'autres radiations (ultra-violet chez l'abeille, infrarouge chez les reptiles…).

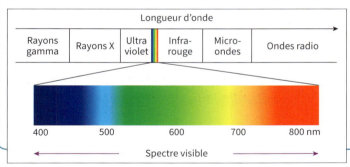

Doc. e La perception des couleurs et la synthèse additive

Le cerveau réalise la synthèse additive des trois couleurs perçues par les cônes (le rouge, le vert et le bleu) et crée ainsi l'ensemble des couleurs observables. Ces trois couleurs sont appelées couleurs primaires. On définit les couleurs secondaires comme étant l'addition de deux couleurs primaires.
C'est l'intensité de chaque couleur qui permet de créer une palette plus ou moins étendue. Le noir correspond à une absence de lumière.

Activités

1 Doc. a Comment est « vu » un objet lointain qui se rapproche de l'œil ? Comment l'œil contrôle le niveau de lumière qu'il reçoit ?

2 Doc. b Décrire le phénomène d'accommodation de l'œil dans le cas où un objet lointain se rapproche de l'œil.

3 Docs c et d Sachant que la densité des cônes diminue du centre vers la périphérie de la rétine et que celle des bâtonnets fait l'inverse, où perçoit-on respectivement la couleur et la faible intensité des objets regardés ?

4 Doc. e Effectuer une recherche sur internet pour illustrer de manière pratique la notion de synthèse additive et de synthèse soustractive des couleurs.

Conclusion

Résumer sous forme de carte mentale les caractéristiques de la vision humaine.

UNITÉ 2 — Qu'est-ce qu'une photographie numérique ?

À la différence de l'œil qui accommode en permanence, un appareil photographique numérique (APN) va capturer une réalité qu'il figera sous la forme d'une photographie numérique. Cette réalité est très différente de celle perçue par nos yeux.

▶ Qu'est-ce qui caractérise une photographie numérique ?

La prise de vue

Doc. a Composants de l'APN et de l'œil

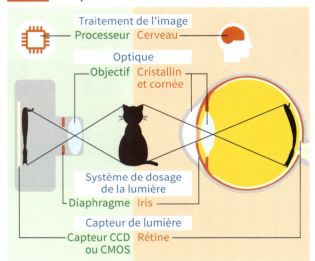

🖱 **Lien vidéo 7.02 :** fonctionnement comparé de l'œil et de l'appareil photo

Sous-exposition (-1IL*) │ Exposition correcte │ Sur-exposition (+1IL*)

*Indice de luminance

Doc. b L'exposition d'une image

Vocabulaire

▶ **Profondeur de champ :** étendue de la zone de netteté entre le sujet le plus proche et le sujet le plus éloigné d'une scène photographiée. Plus le diaphragme sera ouvert, moins la zone de netteté sera étendue et inversement.

▶ **Bruit numérique :** information parasite ou dégradation subie par l'image entre la prise et l'enregistrement.

Doc. c Régler l'exposition d'une photographie

- L'ouverture se règle à l'aide du diaphragme qui, selon la valeur choisie, laissera passer plus ou moins de lumière et agira sur la **profondeur de champ**.
- La vitesse d'obturation ou le temps de pose, doit être suffisamment rapide pour ne pas avoir de « flou de bougé » du photographe ou du sujet photographié.
- La sensibilité (ISO) est la capacité du capteur à être sensible à la lumière. Plus le chiffre est grand, plus le capteur y sera sensible mais plus il y aura de **bruit** sur l'image.

Modifier l'un de ces trois paramètres exige de modifier les autres en conséquence.

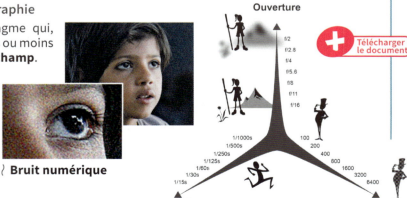

Bruit numérique

Effets liés aux réglages

168

La mise au point

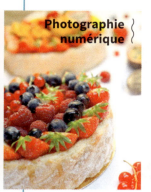

Doc. d Les différents plans de netteté

Une photographie numérique présente différents plans dont un seul est particulièrement net. Les autres plans sont généralement flous si le diaphragme est à sa pleine ouverture. L'appareil capture la scène en une seule fois.

Pour l'œil, seule une petite zone, au centre, est vraiment nette : celle capturée par la **fovéa** (partie centrale de la rétine, la plus dense en cônes et bâtonnets, de 2 mm de diamètre). La rétine est en forme de demi-sphère alors que l'image projetée est presque plane. Cependant, nous ne le ressentons pas car l'œil balaie sans cesse la scène et accommode en même temps (vis-à-vis de la distance et de la lumière).

Doc. e Panoramique par assemblage

Pour créer un « *stitching* » (« couture » en anglais), l'APN réalise une série de photos pendant que le photographe pivote sur lui-même. Elles seront ensuite assemblées automatiquement par l'appareil ou par un logiciel spécifique grâce à un algorithme. Pour l'œil, cela se fait naturellement : il passe d'une orientation à l'autre et le cerveau enregistre les zones nettes et les couleurs dans chaque image pour reconstituer l'ensemble. Le champ de vision enregistré par le cerveau est beaucoup plus large que celui vu par un appareil photo.

Doc. f La balance des blancs

La lumière n'est pas toujours « blanche », or notre cerveau s'adapte pour que la lumière semble rester toujours blanche. Il faut donc adapter l'APN à l'éclairage ambiant pour obtenir un rendu naturel des images.

Activités

1 **Doc. a** Comparer la structure d'un œil et d'un APN.

2 **Docs b et c** Quels sont les trois paramètres entrant en compte dans l'exposition d'une photo ?

3 **Doc. d** Comparer la vision humaine et celle de l'APN sur la scène envisagée en fonction de la structure de chacun.

4 **Doc. e** Quels sont les principaux rapports d'images proposés par l'APN ? Faire une recherche.

5 **Docs b et f** Décrire les réglages nécessaires à l'obtention d'une image « identique » à celle perçue par l'œil.

Conclusion

Pourquoi peut-on dire qu'une photographie numérique n'est pas une reproduction exacte de ce que voit l'œil ?

UNITÉ 3 — Capteurs et capture d'une image

La photographie numérique a connu un développement spectaculaire à partir des années 1990. Cela est dû au développement de capteurs de haute qualité, chargés de capturer la lumière lors de la prise de vue.

▶ **Comment s'effectue la capture de la lumière lors de la prise de vue ?**

Doc. a
Le fonctionnement de l'appareil photographique numérique (APN)

Un appareil photo, c'est une boîte faite pour capturer la lumière, développer une photographie numérique et la garder en mémoire sur un support adapté.

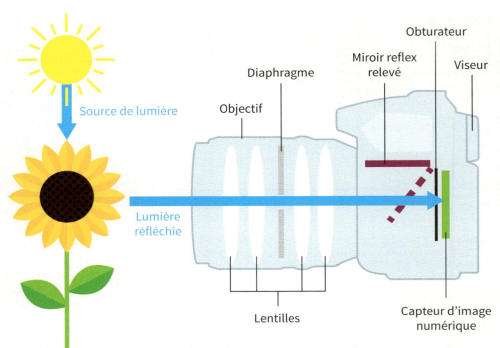

Appareil reflex lors de l'enregistrement de la photo

Doc. b Le capteur photographique

Un capteur photographique est un composant électronique photosensible, c'est-à-dire qu'il est composé de **photosites**. Il convertit la lumière reçue (rayonnement électromagnétique) en signaux électriques, analogiques.

Les capteurs sont présents dans les APN et caméras numériques mais sont aussi utilisés abondamment dans le domaine industriel (scanner), médical, dans la surveillance ou le spatial ; par exemple dans le télescope spatial Kepler (assemblage de 42 capteurs dits CCD pour une résolution de 95 Mpx).

Capteurs photo du bridge Panasonic DMC-FZ228

Point info !

Pour économiser l'espace limité dans un smartphone le zoom est numérique, l'ouverture fixe et l'obturateur est remplacé par la désactivation du capteur. L'absence de ces composants est compensée par des algorithmes.

170

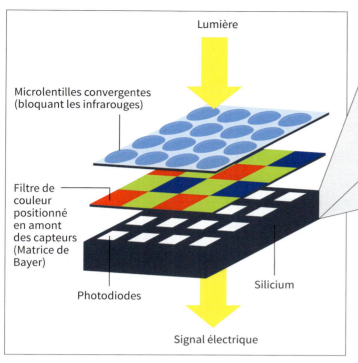
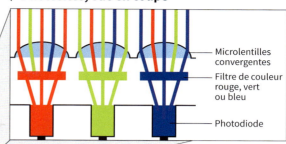

Doc. c La constitution d'un capteur photographique

Il existe deux types de capteurs (CCD et CMOS). La différence se fait sur ce qui est gravé sur le silicium. Le CMOS embarque une partie d'électronique de traitement du signal alors que le CCD non.

Lien 7.03 : capteurs CCD et CMOS

Doc. d Le fonctionnement d'un capteur

Le capteur (quelques millimètres de côté) comporte un certain nombre de **photosites** (quelques micromètres chacun). Sorte de puits pour la lumière, le photosite capture les photons de lumière pour les transformer en signal électrique analogique, plus ou moins grand en fonction de l'intensité lumineuse. Chaque photosite se compose de plusieurs couches superposées :
• un **filtre IR** qui élimine les rayonnements infrarouges (invisibles à l'œil humain) pour limiter la présence de lumières parasites.
• une microlentille chargée de concentrer la lumière sur la couche inférieure.
• un filtre coloré qui sélectionne une des couleurs primaires pour le photosite. La répartition des filtres correspond à l'abondance relative des cônes dans l'œil humain, l'œil étant plus sensible aux radiations lumineuses perçues comme le vert. Cette couche forme la **matrice de Bayer**.
Au-dessous se trouve une cellule photoélectrique gravée sur le silicium : la photodiode. Elle est chargée de mesurer l'intensité lumineuse d'un point de l'image. Cette couche en silicium comprend d'autres composants électroniques en fonction de la technologie du capteur.

Vocabulaire

▶ **Signal analogique :** signal qui varie de façon continue dans le temps.

▶ **Photodiode :** composant semi-conducteur capable de convertir un signal lumineux en signal électrique.

Activités

1 Doc. a Quel chemin la lumière emprunte-t-elle lors de la visée avec un appareil photo reflex ?

2 Docs a et b Si l'on compare un œil et un APN, quel élément joue le rôle de la pupille, du cristallin et du fond de l'œil ?

3 Doc. b Quelle est la grandeur physique du signal analogique ? Quelles sont ses caractéristiques ?

4 Doc. c Mener une recherche sur les autres applications possibles du silicium.

5 Doc. d Quel type d'information enregistre un photosite ?

Conclusion

Proposer une revue des usages et domaines d'applications où les capteurs d'images sont utilisés.

THÈME 7 | LA PHOTOGRAPHIE NUMÉRIQUE

UNITÉ 4 — Du capteur à l'image numérique

Une fois la lumière mesurée par le capteur photographique, de nombreuses étapes de traitement sont encore nécessaires pour obtenir une image numérique finie.

▶ **Quelles sont les opérations de traitement nécessaires pour obtenir une image numérique ?**

La reconstitution de l'image numérique

Doc. a Le processus d'enregistrement d'une photographie

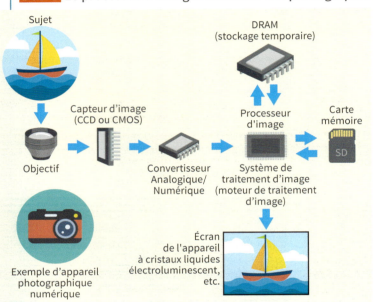

Doc. b Diversité des traitements et algorithmes

« Les avancées matérielles ne suffisent plus : ce sont les algorithmes qui sont désormais derrière les meilleurs appareils photos. (Maxime Johnson) »

Vidéo : interview de Frédéric Guichard, Directeur scientifique DX0 France

Vocabulaire

▶ **Pixels :** plus petite unité d'une image.

▶ **Définition :** taille d'une image ou d'un écran exprimée en pixels (le résultat de la multiplication du nombre de pixels en largeur et en hauteur).

▶ **Résolution :** nombre de pixels sur une unité de longueur ; elle est exprimée en DPI (Dot Per Inch) ou PPP (Point Par Pouce). Une bonne résolution permet de zoomer sur l'image sans perdre en qualité.

Point info !

Certains formats d'images sont compressés, comme le JPEG et PNG, ce qui explique le poids moins important des images de ces formats.

Doc. c Le pixel d'une image

Un APN enregistre des images de 24 bits par pixel, ce qui offre une capacité de 16,7 millions de couleurs par pixel. Certaines TV HD sont capables d'afficher des pixels avec 10 bits pour chaque sous-pixel RVB, ce qui offre une possibilité d'un milliard de nuances ! Cette palette de représentation de couleurs est ce que l'on appelle la **profondeur de couleur**.

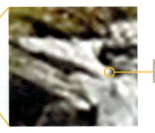

Un pixel est codé sur 3 octets : un pour chaque couleur (R, V, B). Chaque octet peut prendre une valeur entre 0 et 255.

Chaque octet se décompose en 8 bits. Soit 24 bits pour un pixel.

172

La notion de « pixel »

Doc. d Des photosites au fichier RAW

Une fois les photons capturés, ils sont convertis en un signal électrique au niveau de chaque photosite. Ces informations analogiques sont transmises au processeur de l'APN (**convertisseur analogique-numérique**). À son niveau, elles sont transformées en informations numériques et prennent la forme d'un nombre qui mesure l'intensité lumineuse.

⟩ **Photo originale**

Fichier RAW ⟨

On combine les trois fichiers issus des différents photosites (R, V, B), ce qui permet de visualiser les données transmises par le capteur. On obtient un fichier numérique de données brutes appelé fichier RAW. Le **RAW** n'est pas une image. C'est un fichier qui contient des données transmises par le capteur et non interprétées. Pour qu'il devienne une image, il faudra lui faire subir un traitement informatique particulier.

Doc. e Du fichier RAW aux pixels

Le **fichier RAW** contient les données brutes du capteur obtenu grâce à la **matrice de Bayer**. Or, chaque photosite ne détient qu'une partie de l'information visuelle du départ, en fonction du filtre qui le précède. Si le filtre est vert, on ne sait donc rien des composantes bleue et rouge qui sont arrivées sur ce pixel. Pour retrouver en partie cette information manquante, on fait intervenir un traitement mathématique particulier : le processeur va interpoler les valeurs de rouge et de bleu des photosites voisins et fournir ainsi la valeur approximative des trois couleurs de chaque pixel. On appelle cela le **dématriçage**.

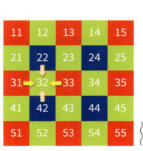

⟩ **Principe simple du calcul algorithmique**

Point info !

Les méthodes les plus sophistiquées utilisent 100 fois plus de calculs, ce qui entraîne un temps plus long de rendu. On utilise alors des algorithmes prédictifs pour diviser ce temps par 10 ou plus.

Activités

1 **Doc. a** Indiquer la fonction des composants de l'appareil photographique. Indiquer le type de signal au fur et à mesure des étapes de la prise de vue.

2 **Doc. b** Dans quel but les algorithmes ont-ils d'abord été utilisés ?

3 **Doc. b** Quels sont les algorithmes minimums utilisés sur une photo ? Dans le cas des smartphones, quel est l'intérêt des algorithmes de traitement et que permettent-ils ?

4 **Doc. c** Combien de valeurs chiffrées définissent un unique pixel ? Quelles valeurs définissent le blanc ? Et le noir ? Quel est le « poids » d'une image d'une résolution de 600 × 400 pixels ?

5 **Docs d et e** Calculez les composantes couleur du pixel n° 24 et du pixel n° 35.

Conclusion

Présenter sous la forme d'un graphe les étapes nécessaires à l'obtention d'une image à partir de la prise de vue.

UNITÉ 5
PROJET autonome

Traiter une image par programme

Lorsqu'un logiciel agit sur une image, il utilise un algorithme pour agir sur chacun de ses pixels. Plusieurs manipulations sont alors possibles grâce aux logiciels de retouche ou à des algorithmes spécifiques.

OBJECTIF Manipuler des images numériques grâce à des algorithmes pour les transformer.

Transformation d'une image

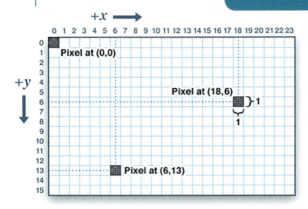

Doc. a L'image numérique, une matrice de pixels

Pour un ordinateur, une image représente un fichier de données numériques. Chaque pixel est défini par ses coordonnées dans un espace à deux dimensions (le tableau ou la matrice). Il est possible de « manipuler » chaque pixel en modifiant ses coordonnées.

Doc. b Une transformation géométrique de l'image par symétrie

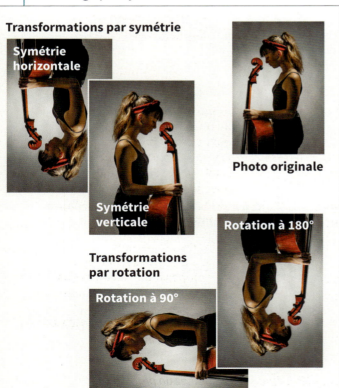

Doc. c Principe de la double boucle

```
# -*- coding: utf-8 -*-

###############################
#                             #
#    Symétrie horizontale     #
#                             #
###############################

# Importation de la librairie PIL
from PIL import Image

# Ouverture du fichier image
fichierImage = 'photo.jpg'
imageSource = Image.open(fichierImage)

# récupération de la largeur et hauteur de l'image
largeur,hauteur = imageSource.size

# création d'une image de même type
imageFinale = Image.new(imageSource.mode,imageSource.size)

# Symétrie horizontale
for x in range(largeur):
    for y in range(hauteur :
        pixel = imageSource.getpixel((x,y))
        imageFinale.putpixel((-x+largeur-1,y), pixel)
imageFinale.show()
imageFinale.save("Image finale - symetrie horizontale.jpg")

# Fermeture du fichier image
imageSource.close()
```

Programme Python : symétrie horizontale

Ici on utilise deux boucles imbriquées « *for* » (« pour »). On balaye la largeur (ligne une à une) et la hauteur (colonne une à une) de l'image. On enregistre les coordonnées du pixel sélectionné de l'image « source », puis on inverse sa position horizontale en l'enregistrant dans une nouvelle image finale.

174

Des transformations sur les couleurs

Doc. d Effet de seuil

Certaines photographies, comme les portraits ou certains paysages, transmettent plus d'émotions quand ils sont en « noir et blanc ».

Appliquer un seuil à une image consiste à la transformer en Noir & Blanc pur. Tous les pixels dans l'intervalle fixé du seuil deviennent blancs, les pixels noirs représentent ceux qui en sont en dehors.

Pour un pixel en niveaux de gris du standard visuel « haute définition » (HDTV),
L = 0,2126 R + 0,7152 V + 0,0722 B.

Ces données sont valables pour le traitement d'images vidéos ainsi que fixes (illustration ou photographie). Elles permettent de rendre des teintes plus « naturelles » pour l'œil humain.

(L = luminance ; R = valeur du canal rouge du pixel ; V = valeur du canal vert du pixel ; B = valeur du canal bleu du pixel)

Traitement niveaux de gris

Traitement noir et blanc

Télécharger le script Python « niveauDeGrisMoyenne.py »

Activités

ITINÉRAIRE 1

Docs a à c

1. En utilisant le logiciel Gimp, réaliser une symétrie verticale, puis répéter l'opération avec une symétrie horizontale. Faire de même avec les programmes Python « symetrieVerticale.py » et « symetrieHorizontale.py ». Quelles différences de paramètres changent entre les deux programmes ?

Télécharger les scripts Python « symetrieVerticale.py » et « symetrieHorizontale.py »

2. En utilisant Gimp, réaliser les rotations à 90 et 180 degrés. Faire de même avec les programmes Python « rotation90.py » et « rotation180.py ». Quels paramètres des programmes changent-ils ?

3. Proposer une traduction algorithmique compréhensible par un humain du programme « symetrieHorizontale.py ».

Télécharger les scripts Python « rotation90.py » et « rotation180.py »

ITINÉRAIRE 2

Télécharger le script Python « seuilNB.py »

Doc. d

1. Proposer une modification du programme « seuilNB.py » pour que l'utilisateur puisse saisir la valeur médiane à utiliser comme seuil. Proposer une modification pour s'assurer que la saisie de l'utilisateur soit une valeur attendue.

2. Utiliser le programme « niveauDeGrisMoyenne.py » puis proposer une modification du programme pour désaturer l'image avec les valeurs de luminance de la norme HDTV. Comparer les images.

Ne pas oublier de changer les noms des fichiers sauvegardés lorsque vous modifiez un programme !

Les métadonnées photographiques

UNITÉ 6 — PROJET autonome

Outre les pixels, une quantité importante d'autres informations sont attachées à une photographie numérique : ce sont les métadonnées.

OBJECTIF Retrouver les informations apportées par les métadonnées d'une image numérique.

Les informations diversifiées des métadonnées

Doc. a Quelques métadonnées liées aux images numériques

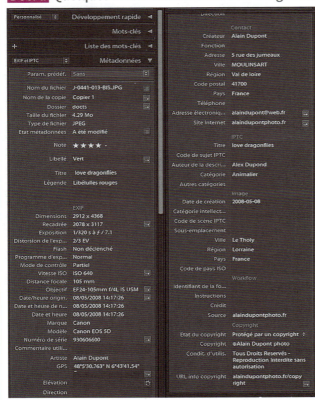

Métadonnées EXIF affichées dans le détail des propriétés d'une photo numérique

En photographie, les métadonnées sont des informations contenues dans les photos numériques (fichiers JPEG, TIFF, DNG et RAW généralement). Elles peuvent être des « données techniques » qui exposent les conditions techniques de prise de vue. Elles sont enregistrées automatiquement par l'appareil photo dans le fichier image.

En tant que « données descriptives » de l'image, elles sont enregistrées sous forme de texte. Elles apportent alors des informations supplémentaires à l'image enregistrée en post-production dans un logiciel de catalogage. Celui-ci aura pour mission de saisir ces données, mais aussi de retrouver rapidement une image précise parmi des milliers en utilisant des filtres.

En périphérie des données concernant l'image, nos photos contiennent une multitude d'informations cachées.

Point info !

Le fichier EXIF d'une photo prise par un smartphone comporte entre 100 et plus de 160 lignes !

Doc. b Les schémas de métadonnées EXIF, IPTC et XMP

EXIF — *Exchangeable Image File*
Schéma de métadonnées servant à enregistrer l'essentiel des « données techniques » : date et heure, type d'appareil photo et objectif, ouverture du diaphragme… ou encore les données de géolocalisation.

IPTC — *International Press & Telecommunications Council*
Schéma de métadonnées qui a été développé pour répondre aux besoins de la presse. Il précise les informations sur l'auteur de la photo, le copyright, le sujet, etc.

XMP — *Extensible Metadata Platform*
Schéma de métadonnées développé par ADOBE, fondé sur le langage XML, pour enregistrer les corrections et traitements faits aux images.

Modifier des métadonnées

Doc. c Des métadonnées modifiables

Métadonnées EXIF d'une photo sur un smartphone sous Android avec l'application Photo Exif Editor.

Doc. d Lire les données d'une photo

Il est possible de contrôler les métadonnées d'une image en ligne via des sites spécialisés comme www.metapicz.com ou encore www.get-metadata.com. L'avantage de ces applications est qu'elles affichent les données EXIF, IPTC et XMP.

Doc. e Une photo mystère

Télécharger la photographie « photo_mystere.jpeg »

Activités

1 **Docs a et b** Expliquer ce que sont les métadonnées d'une photo. Comment sont-elles enregistrées et à quoi sont-elles utiles ?

2 **Doc. a** Analyser les différents champs de métadonnées existants. Quels types d'informations y trouve-t-on ? Justifier la présence de ce type de renseignements.

3 **Docs c et d** Choisir une photo de votre smartphone et y ajouter votre copyright, une légende et des mots-clés avec l'application Photo EXIF Editor. Prendre une nouvelle photo en ayant activé la géolocalisation au préalable ; rechercher avec Photo Exif Editor ou une application en ligne, les données GPS afin de les coller dans OpenStreetMap. Que se passe-t-il ?

4 **Docs d et e** Télécharger la photo et afficher ses données EXIF. Retrouver l'endroit où la photo a été prise, grâce au site www.openstreetmap.com ou www.geoportail.gouv.fr.

Pour aller + loin

▶ Taguez vos images (note, lieux, personnes, mots-clés…) dans un logiciel de catalogage (ex. : XNView, Picasa ou encore Adobe Lightroom©) pour organiser et retrouver plus facilement vos photos.

UNITÉ 7 — Manipuler les images numériques

Une image numérique est un fichier de données numériques qui peut être modifié par logiciel. Retoucher une image est aisé, ce qui mène parfois à en modifier le sens de la réalité.

▶ **Quels sont les moyens de manipulation des images numériques ?**

Doc. a Par une différence de perspective

› Plan serré

› Plan large

▲ À la prise de vue, grâce au cadrage, on peut choisir de donner l'impression qu'une foule était présente au meeting politique ou insister sur le manque de public.

Doc. c Avec une fausse légende

Le compte twitter Mind Blowing laisse entendre que la photographie représente la vue d'une étoile filante et son reflet dans l'eau. En réalité, sur ce cliché datant de 2010, est représentée une navette spatiale décollant de la base de Cap Canaveral. ▶

Doc. b Par photomontage

▲ Cette image est le résultat d'un savant mixage de deux photos. La première, celle du requin, réalisée en Afrique du Sud, a été incrustée sur une photo d'un hélicoptère de l'US Air Force. Cette image truquée crée alors une émotion particulière chez le public.

> « L'objectivité n'existe pas »

Doc. d Par retouche de détails

La retouche permet de gommer les imperfections et de présenter ainsi une image parfaite ou diffamante du sujet photographié. ▼

Vidéo : un travail de retouche sur logiciel

178

Doc. e Des outils en ligne anti-trucage

L'outil en ligne FotoForensics propose d'analyser la compression réalisée sur une image. Les zones blanches obtenues sur le résultat indiquent une différence de compression par rapport au reste de l'image et donc une probable retouche. Attention : si l'on opère de multiples enregistrements, les différentes compressions successives peuvent rendre l'exploitation compliquée.

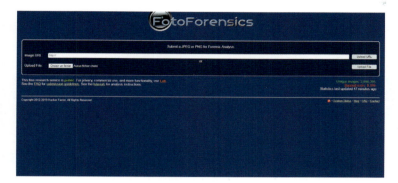

L'outil en ligne TinEye permet de vérifier si une image n'a pas déjà été publiée.

Point info !

Depuis le 4 mai 2017, le décret n° 2017-738, relatif « aux photographies à usage commercial de mannequins dont l'apparence corporelle a été modifiée » oblige celles-ci à être accompagnées d'une mention stipulant les modifications mises en œuvre. Il a été en effet démontré, que « *l'exposition des jeunes à des images normatives et non réalistes du corps entraîne un sentiment d'autodépréciation et une mauvaise estime de soi pouvant avoir un impact sur les comportements de santé* ».

Doc. f Quelques conseils pour débusquer les photos truquées sur internet

Lien vidéo 7.04

- Considérer qu'une photo n'est jamais une preuve. Elle peut être ancienne, ne montrer qu'une partie de la scène, être retouchée, etc.
- Exploiter les métadonnées ! Une date, un lieu, l'utilisation d'un logiciel de retouche, etc., sont toujours un début de piste pour débusquer le faux.
- Toujours partir du principe qu'une information sur internet peut être fausse et la vérifier en croisant les sources.
- Garder l'esprit critique. Même sans outils, il est toujours possible de dénicher un « fake ».
- Il faut prendre le temps d'observer les détails de l'image pour trouver ce qui diverge du réel.

 Activités

1. **Doc. a** Quel(s) détail(s) ont changé dans les deux images ?

2. **Docs b et d** De quelle catégorie de trucage les images de ces documents font-elles partie ?

3. **Doc. d** Quelles sont les retouches apportées à cette photo ? Regarder la vidéo. Pourquoi depuis peu les photos de ce type doivent-elles être explicitement annoncées comme retouchées ?

4. **Docs a à d** Illustrer la citation « l'objectivité n'existe pas ».

5. **Docs a et c** Une photographie a-t-elle besoin d'être retouchée pour changer de sens ?

6. **Docs a et c** Trouver au moins un autre exemple d'une image non retouchée mais qui ment par omission ou par sa légende.

Conclusion

Présentez sous forme de carte mentale les moyens de manipuler une image numérique, en l'illustrant à partir d'exemples pris sur internet.

UNITÉ 8 — Enjeux éthiques et sociétaux de l'image

Par leur facilité de diffusion massive et immédiate, les images numériques s'intègrent à tous les dispositifs de communication, de partage, d'objets connectés, Web et réseaux sociaux. Ces nouveaux usages engendrent de nouvelles problématiques.

● **Quels problèmes la diffusion des photos numériques pose-t-elle ?**

Le droit à l'image des personnes photographiées

Doc. a Exemples concrets de la vie courante

La publication des photos prises dans les lieux publics est-elle soumise à autorisation ?

Une personne publique comme Adèle a-t-elle tous les droits sur son image ?

Lien 7.05 : tout un dossier à étudier sur les différents canaux de diffusion d'internet, notamment sur les discussions autour de la Directive Copyright.

Doc. c La justice européenne reconnaît un « droit à l'oubli » numérique

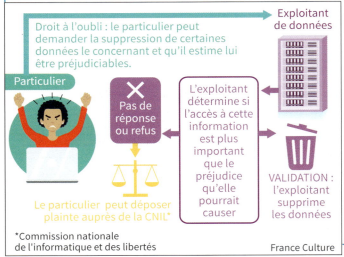

*Commission nationale de l'informatique et des libertés

France Culture

Doc. b Caractéristiques du droit à l'image

Selon le Code de la Propriété Intellectuelle (CPI) qui définit la réglementation du **droit d'auteur**, « toute personne a sur son image et sur l'utilisation qui en est faite un droit exclusif et peut s'opposer à sa diffusion sans son autorisation ». Ainsi la reproduction, l'exposition, ou la publication d'une image ne peuvent avoir lieu sans le consentement écrit de la personne identifiable au travers d'un contrat d'autorisation d'utilisation d'image.

Sous réserve de ne pas porter atteinte à sa dignité, certaines images ne sont pas soumises à l'autorisation des personnes, comme par exemple :
– les images illustrant des événements d'actualité, au nom du droit à l'information ;
– les images de personnalités publiques dans l'exercice de leur fonction ;
– les images illustrant les sujets historiques.

De jurisprudence constante, il est reconnu que le droit moral est d'ordre public. Cela signifie qu'on ne peut y déroger. Les auteurs comme les diffuseurs doivent respecter ces dispositions dans leurs contrats sous peine d'être poursuivis.

Le non-respect du « droit à l'image » peut être sanctionné de dommages et intérêts et jusqu'à un an de prison et 45 000 € d'amende. Pour que la justice puisse intervenir, il faut cependant que la personne soit identifiable sur la photographie publiée.

Lien 7.06 : cnil.fr

D'après l'Union des photographes professionnels/auteurs

Le droit d'auteur

Doc. d Plagiat ou vol d'images numériques

Un photographe a démontré qu'une de ses photos avait été volée par un autre homme, qui l'avait utilisée pour remporter un concours Instagram, en lien avec une marque de smartphone. La preuve se trouvait dans les métadonnées EXIF qui indiquaient que la photo avait été prise par un smartphone de la marque à une date antérieure à l'annonce de sa sortie. Elles ont aussi révélé que la photo avait été prise par un appareil photo Canon et non par un smartphone comme le stipulait le règlement.

D'après Numerama.com

Doc. e Se protéger du plagiat

En plus de l'identification dans les métadonnées de l'auteur d'une photo, les photographes peuvent utiliser un filigrane pour protéger leurs images. C'est ce qu'on appelle le « watermark » ou le **tatouage numérique**.

Doc. f La sauvegarde des droits moraux

« L'auteur jouit du droit au respect de son nom, de sa qualité et de son œuvre » (art. L.121-1 du CPI). Le **droit moral** de l'auteur a pour objet de protéger le lien privilégié de l'auteur avec son œuvre. Ce droit est attaché à sa personne, il est « perpétuel, inaliénable et imprescriptible ». En cas de décès, il est transmis à ses héritiers.

Il existe plusieurs moyens pour dénicher les usurpations. « Google Images » a développé un algorithme de reconnaissance d'images par similarités.
Coté professionnels de la photo, beaucoup préfèrent utiliser le site Lenstag.com dont le principe est d'enregistrer dans un compte les numéros de séries de tout son matériel. La recherche se fera via les données EXIF du matériel utilisé, ce qui peut aussi permettre de retrouver du matériel volé.

Doc. g Faire sans contrefaire

Creative Commons est une association à but non lucratif qui propose une alternative assouplie et légale au droit d'auteur, pour simplifier le partage des créations. Les images qui entrent dans cette législation sont libres de droit.

Activités

ITINÉRAIRE 1

Un élève de votre classe propose une photo de sa collection en vue de la publier sur Instagram. À l'aide de ces documents, de ceux de l'unité 6 et de recherches sur internet, développer un argumentaire en accord avec la publication de cette photo.

ITINÉRAIRE 2

À l'aide de ces documents, de ceux de l'unité 6 et de recherches sur internet, développer un argumentaire en désaccord avec la publication de cette photo.

Conclusion

Réaliser un débat oral contradictoire et argumenté entre le groupe d'élèves suivant l'itinéraire 1 et celui suivant l'itinéraire 2. Si besoin, proposer une intervention sur l'image afin de rendre sa publication conforme au droit français.

LE MAG' DES SNT

👁 Grand angle

Matthias Wähner et Jean-Bedel Bokassa

Matthias Wähner a trouvé une manière originale de questionner ses contemporains sur l'intégrité des images. Grâce à la magie de la retouche, il s'est introduit par effraction dans des photos d'actualités très connues, voire historiques. On a donc pu l'apercevoir aux côtés du Président Kennedy, des Beatles, de Willy Brandt ou de la famille royale d'Angleterre.

La démarche artistique de Wähner s'inscrit sur la période de trouble politique et social qui a suivi la chute du mur de Berlin (1989). Il a choisi des images qui à leur époque ont une forte symbolique : elles représentent des icônes par lesquelles le monde est dirigé ou influencé. En les manipulant de la sorte, il met le doigt sur le manque de recul critique de la population face à l'information qu'on lui présente. Il remet également en question les croyances naïves de l'Homme contemporain.

Dans nos sociétés actuelles, des images de toutes sortes sont omniprésentes et abondantes. Elles sont facilement accessibles grâce aux supports numériques et visibles grâce aux réseaux sociaux notamment, qui en facilitent la circulation. Profitant de cette forte audience, certains tentent de contrôler ou modifier l'information par ces images avec des moyens multiples mis à leur disposition. Devenues bien plus que de simples illustrations, les images portent des messages puissants et percutants. Elles représentent un point de vue subjectif. Le public, bien que plus averti qu'à l'époque de Wähner, ne remet pas toujours en question l'authenticité de ce qu'il voit ou croit voir dans les images.

> " Une image est une représentation de la réalité

VOIR !
Photo, l'intégrale

Depuis son invention par Nicéphore Niepce en 1827, la photographie n'a jamais cessé d'évoluer pour devenir un véritable art à part entière. À travers l'histoire des courants photographiques, on découvre la valeur des images. Chaque cliché est une énigme qui cache de nombreux procédés et surtout **la subjectivité du point de vue de l'auteur.**

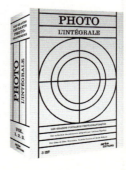

ET DEMAIN ?

Le matériel photographique est très adaptable grâce à l'ajout de publications, ou à la création de nouveaux algorithmes. On peut donc l'améliorer à l'infini. Il est maintenant possible de réaliser des photographies 3D avec un smartphone. Il suffit de faire un mouvement latéral autour d'un objet. L'appareil photo réalise en fait plusieurs clichés en plaçant des points de repère qui lui serviront à calculer le changement d'angles. Pour mouvoir la photographie en même temps que vous bougez votre téléphone, l'algorithme effectue un calcul correspondant à l'angle de votre téléphone.

La photographie de demain sera sans aucun doute davantage tournée vers le traitement logiciel des images. À l'instar de la révolution que fût le Polaroid à son époque, avec l'impression quasi immédiate, imaginez pouvoir changer un ciel gris dès la prise de vue et cela sans avoir besoin de repasser par une étape d'édition !

MÉTIER : PHOTOGRAPHE

Éric vous parle de son métier

« Avant l'ère de la photo numérique, mon métier de photographe se résumait à réaliser de bonnes prises de vue avec un bon éclairage ; après je travaillais en laboratoire pour développer mes images et réaliser les tirages pour mes clients. Aujourd'hui, avec toutes les possibilités de traitement numérique des images, je maîtrise toute la chaîne du traitement d'image. Ça me permet de proposer plus de créativité dans mes images, d'ajouter des effets plus graphiques. J'utilise aussi des supports d'impression diversifiés selon la mode et les attentes de mes clients.

Dans mon travail, la prise de vue ne représente plus que 25 % de mon temps. Le reste du temps, en dehors de l'aspect commercial, je me consacre à faire des mises en page de « livre-album » ou des compositions d'images pour faire de mes photos des « objets déco » que mes clients veulent intégrer dans leurs intérieurs. Finalement, de photographe au départ, avec ces notions de graphisme, je suis petit à petit devenu un "PhotoGraphiste". »

En bref

1
MÉTADONNÉES JUSTICIÈRES

Afin d'améliorer la résolution de ses enquêtes, l'Institut de Recherche de la Gendarmerie Nationale (IRCGN) a développé un logiciel, en réseau interne, qui permet d'analyser les données EXIF des téléphones portables saisis aux suspects. Dans bien des enquêtes, ces informations ont permis de trahir les alibis des délinquants. En effet, un selfie daté et localisé est une preuve plus solide qu'un simple relevé GSM.

2
LE RETOUR DU POLAROID

Plus de 70 ans après sa création et 10 ans après sa disparition, la photographie à tirage instantané connaît un regain de succès. Alors que la photo numérique est omniprésente, les deux grands acteurs de ce marché, Fujifilm et Polaroid, ont chacun sorti un modèle d'appareil photo hybride combinant le numérique et l'impression instantanée.

3
PLUS VRAI QUE NATURE

L'astronome amateur américain Andrew McCarthy a rassemblé 50 000 clichés pour réaliser une photo de la Lune de 81 Mégapixel. Publiée le 17 février 2019 sur le site reddit.com, cette photo a bluffé tous les professionnels de cette pratique.

BILAN

Les notions à retenir

DONNÉES ET INFORMATIONS

Une photo numérique est un ensemble de données de couleurs vu, par un système informatique, sous forme de matrice de points. Outre ces pixels qui la composent, elle contient des métadonnées EXIF enregistrées automatiquement par l'appareil photo et peut contenir des données IPTC ajoutées par l'auteur de l'image.

ALGORITHMES + PROGRAMMES

Les appareils photos numériques utilisent différents algorithmes pour traiter les images prises. Ils assistent le photographe dans la prise de vue, améliorent le rendu ou compensent des limites physiques.
Il est aussi possible de modifier une image par le biais d'un logiciel d'édition.

MACHINES

Un appareil photographique numérique utilise une carte électronique dotée d'un processeur spécialement conçu pour traiter des images, et de mémoire. Différents capteurs assistent le photographe lors de la prise de vue en effectuant la mise au point (autofocus), par exemple.
L'appareil photo numérique du smartphone remplace certains des composants par des algorithmes.

IMPACTS SUR LES PRATIQUES HUMAINES

La démocratisation de la photographie numérique a permis une croissance exponentielle de son usage et de sa diffusion. Autrefois utilisée pour le souvenir, la photo sert aujourd'hui également de pense-bête ou de faire-valoir. Le respect du droit d'auteur et les particularités du droit à l'image sont à défendre.

Les mots-clés

- Capteur photographique
- Signal analogique/numérique
- Métadonnées EXIF
- Résolution
- Pixel
- Licence d'exploitation
- Droits à l'image et d'auteur
- Droit à l'oubli

LES CAPACITÉS À MAÎTRISER

- Distinguer photosites et pixels.
- Retrouver les métadonnées d'une photographie.
- Traiter par programme une image en agissant sur les trois composantes de ses pixels.
- Expliciter des algorithmes liés à la prise de vue.
- Identifier les étapes de la construction de l'image finie.

L'essentiel en image

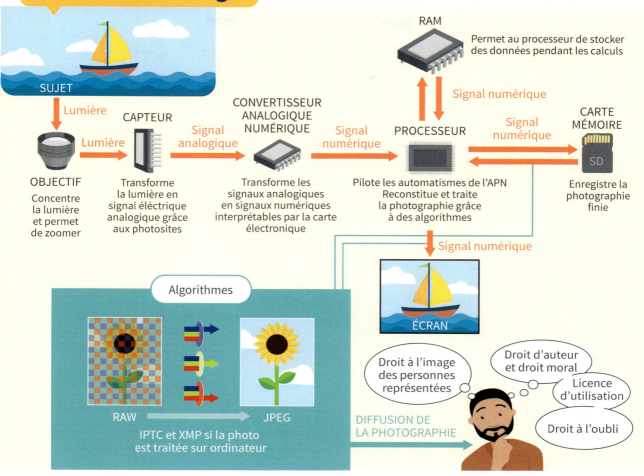

Des comportements RESPONSABLES

Trier les métadonnées à caractère personnel avant de diffuser ses photos.

Vérifier les licences d'usage des photos. Ne pas modifier ou publier la photo d'un tiers sans son autorisation.

Garder un esprit critique face à une photographie qui illustre un événement.

Mentionner l'auteur d'une photo lors de l'utilisation de son image.

EXERCICES

Se tester

• VRAI OU FAUX •

1. L'œil humain perçoit seulement trois couleurs.
2. L'œil humain perçoit la couleur grâce aux bâtonnets.
3. Les photos d'un appareil reflex ne sont pas traitées par l'appareil.
4. Les smartphones enregistrent les données GPS dans les métadonnées.
5. Les métadonnées nous communiquent de vraies informations sur les images.
6. La date de prise de vue d'une photo ne peut pas être modifiée.
7. La police ou la gendarmerie utilisent les métadonnées des photos pour résoudre des enquêtes.
8. Je peux mettre la photo de ma camarade de classe sur mon blog sans lui en demander l'autorisation.
9. Le droit d'auteur ne s'applique pas sur internet.
10. J'ai le droit de prendre en photo quelqu'un et d'utiliser sa photo du moment que la photo est prise dans un lieu public.
11. Une image « fake » est forcément retouchée sur logiciel.

• RELIER •

12. Qu'est-ce que ces composants de l'APN traitent ?

capteur •   • lumière
processeur •   • signal A/N
convertisseur A/N • • mémoire pérenne
carte SD •   • mise au point
objectif •   • calculs des algorithmes
RAM •   • mémoire vive

13. Compléter ces phrases :
– Une photo destinée à être publiée sur le Web sera … que la même image destinée à l'impression.
– Pour poster une photo portrait d'une personne sur internet je dois … .
– Le rôle du stabilisateur optique est de compenser le … du photographe.
– Une licence Creatice Commons permet de … l'œuvre originale et de … de façon illimitée.

 Une réponse possible.

14. Une imprimante utilise l'espace de couleur :
a. RVB ;
b. CMJN.

15. Une photographie est une image :
a. pixélisée ;
b. vectorielle.

16. Sur combien de bits est codé un pixel ?
a. 8 bits ;
b. 16 bits ;
c. 24 bits.

17. En synthèse additive, un mélange de vert et de rouge donne du :
a. cyan ;
b. jaune ;
c. magenta.

18. Quel type de métadonnées donne des informations sur la prise de vue (modèle appareil, vitesse d'obturation, diaphragme, etc.) ?
a. EXIF ;
b. IPTC ;
c. XMP.

19. Les informations autres que l'image contenue dans une photo sont :
a. les Mégapixels ;
b. les propriétés ;
c. les métadonnées ;
d. la mémoire image.

20. Quels procédés peuvent utiliser les photographes pour protéger leurs images sur la toile ?
a. le watermarks ;
b. la mention DR ;
c. un contrat de cession de droits.

21. Pour voir un objet proche, le cristallin de l'œil à une forme :
a. aplatie ;
b. arrondie.

• RELIER •

22. Que permettent de mesurer ces opérations ?

Balance des blancs •   • intensité lumineuse
Indice de luminance •   • couleurs des pixels
Dématriçage •   • température de la couleur

Corrigés p. 202

Exercice guidé

23. Le négatif

Une image négative est une image dont les couleurs ont été inversées par rapport à l'image d'origine. C'est ce principe qu'utilise un film photographique argentique pour capter l'image dont les couleurs réelles seront rendues à l'étape de développement.

Télécharger le script Python « niveauDeGrisMoyenne.py »

▶ Nous allons réaliser un programme Python reproduisant cet effet :

1. Passer une image en négatif à l'aide du logiciel GIMP.

2. Quelle opération mathématique va-t-on réaliser sur un pixel ? Traduire cette opération en langage Python.

3. Modifier le programme « niveauDeGrisMoyenne.py » pour lui faire réaliser un négatif de l'image d'origine. N'oubliez pas de modifier les noms d'enregistrement !

Photo originale

Négatif

Aides

– Inverser une couleur revient à soustraire sa valeur originale au maximum qu'elle peut prendre.
– Python enregistre les trois sous-couches de couleurs d'un pixel dans un « tuple » (une sorte de liste) : 0 pour le rouge, 1 pour le vert et 2 pour le bleu. Pour y accéder après avoir lu la valeur d'un pixel dans une variable (que l'on nommera par exemple « pixel »), on peut écrire « pixel[0] ».

QCM sur document

On s'intéresse à l'algorithme de traitement d'une image, proposé ci-dessous :

```python
# -*- coding: utf-8 -*-

###############################
#                             #
#     Symétrie horizontale    #
#                             #
###############################

# Importation de la librairie PIL
from PIL import Image

# Ouverture du fichier image
fichierImage = 'photo.jpg'
imageSource = Image.open(fichierImage)

# Affichage de l'image pour comparaison
imageSource.show()

# récupération de la largeur et hauteur de l'image
largeur,hauteur = imageSource.size

# création d'une image de même type
imageFinale = Image.new(imageSource.mode,imageSource.size)

# Symétrie horizontale
for x in range(largeur):
  for y in range(hauteur):
    pixel = imageSource.getpixel((x,y))
    imageFinale.putpixel((-x+largeur-1,y), pixel)

# Affichage de l'image finale et enregistrement
imageFinale.show()
imageFinale.save("Image finale - symetrie horizontale.jpg")

# Fermeture du fichier image
imageSource.close()
```

Une réponse possible.

24. La ligne 13 du programme permet :
a. d'afficher l'image à l'écran ;
b. de modifier l'image ;
c. de charger l'image dans la variable fichierImage ;
d. de sauvegarder l'image.

25. À quoi sert la fonction imageSource.show() ?
a. Elle affiche l'image initiale à l'écran ;
b. Elle affiche les métadonnées de l'image ;
c. Elle enregistre l'image ;
d. Elle affiche l'image finale à l'écran.

26. À quoi sert l'instruction ".getpixel(x,y)" ?
a. Récupérer la position d'un pixel ;
b. Récupérer les valeurs RVB de tous les pixels ;
c. Récupérer les valeurs RVB du pixel sélectionné ;
d. Modifier les valeurs d'un pixel.

27. La fonction imageFinale.save() permet :
a. d'enregistrer l'image initiale ;
b. d'enregistrer l'image modifiée ;
c. de modifier le format de l'image ;
d. de modifier les métadonnées de l'image.

EXERCICES

S'entraîner

28. Une image, plusieurs messages

1. Selon vous, quels traitements et transformations ont été appliqués à la photo originale ? Qu'est-ce que cette image cherche à illustrer ?

2. Retrouver l'origine de l'image en utilisant les outils en ligne.

3. Que peut-on conclure ?

⟩ **Un selfie dans les nuages**

29. L'espace de couleur RVB – synthèse additive

L'espace de couleur RVB d'une photo ou d'un écran est calqué sur la perception des couleurs de l'œil humain. Pour un pixel, la valeur des 3 canaux s'exprime dans une valeur comprise entre 0 et 255.

1. Dans cet espace de couleur, à quel mélange, exprimé en pourcentage, correspond le blanc ? Et le noir ?

2. Quel mélange faut-il faire pour obtenir du cyan ? Du magenta ? Et du jaune ?

3. En utilisant la palette de couleur d'un logiciel d'édition, retrouver à quelle couleur correspond le mélange R100, V82 et B213.

4. Exprimer sous forme de pourcentage RVB la couleur de la question précédente.

30. Une esquisse de filtre Pop Art

Le programme « popArt.py » est une ébauche du programme à compléter pour réaliser l'image ci-dessus avec un filtre jaune, magenta, bleu et vert.

Télécharger le script Python « popArt.py »

1. Que permet de faire la méthode « resize » ?

2. À partir de la ligne 28 du programme, combien manque-t-il de vignettes ? Écrivez les lignes de code manquantes.

3. Entre les lignes 37 et 45, remplacer le terme « VALEUR » par la valeur chiffrée permettant d'obtenir le bon filtre de couleur.

4. Compléter les lignes 51 et 52 du programme pour placer la vignette bleue et verte sur l'image.

5. Tester le programme fini avec l'image fournie. Tester le programme avec une autre image de votre choix.

Télécharger l'image « portrait.jpeg »

31. Rotation d'une image

```
1   # -*- coding: utf-8 -*-
2
3   #####################################
4   #                                   #
5   #     Rotation de 90° à droite      #
6   #                                   #
7   #####################################
8
9   # Importation des librairies
10  from PIL import Image
11
12  # Ouverture du fichier image
13  fichierImage = 'photo.jpg'
14  imageSource = Image.open(fichierImage)
15
16  # Affichage de l'image pour comparaison
17  imageSource.show()
18
19  # Récupération de la largeur et hauteur de l'image
20  largeur,hauteur = imageSource.size
21
22  # Création d'une image de même type
23  imageFinale = Image.new(imageSource.mode,(hauteur,largeur))
24
25  # Boucle de traitement des pixels rotation droite 90°
26  for x in range(largeur):
27    for y in range(hauteur):
28      pixel = imageSource.getpixel((x,y))
29      imageFinale.putpixel((-y,x), pixel)
30
31  # Affichage de l'image finale et enregistrement
32  imageFinale.show()
33  imageFinale.save("Image finale - rotation 90 degres droite.jpg")
34
35  # Fermeture du fichier image
36  imageSource.close()
```

Image.rotate(*angle, resample=0, expand=0, center=None, translate=None, fillcolor=None*) [source]

Returns a rotated copy of this image. This method returns a copy of this image, rotated the given number of degrees counter clockwise around its centre.

Parameters:
- **angle** – In degrees counter clockwise.
- **resample** – An optional resampling filter. This can be one of `PIL.Image.NEAREST` (use nearest neighbour), `PIL.Image.BILINEAR` (linear interpolation in a 2x2 environment), or `PIL.Image.BICUBIC` (cubic spline interpolation in a 4x4 environment). If omitted, or if the image has mode "1" or "P", it is set `PIL.Image.NEAREST`. See Filters.
- **expand** – Optional expansion flag. If true, expands the output image to make it large enough to hold the entire rotated image. If false or omitted, make the output image the same size as the input image. Note that the expand flag assumes rotation around the center and no translation.

1. L'exemple de programme permet de tourner une image de 90° vers la droite. Proposer une modification pour réaliser une rotation de 90° vers la gauche.

2. La librairie Pillow propose une méthode pour réaliser des rotations d'image, modifier le programme pour l'utiliser à la place de la double boucle for. Qu'observe-t-on sur la durée d'exécution ? Formuler une hypothèse sur cet écart.

3. Sur quoi agit le paramètre « *expand* » ?

Doc. a

32. Souvenir de vacances

1. Utiliser le script pour localiser le lieu présenté sur la photo puis le localiser sur Geoportail.

2. En langage Python, qu'est-ce que forment les lignes de codes à la suite de "def" ? Quel est l'intérêt de cette écriture ?

3. Que permettent de réaliser les lignes 37 à 47 ? Pourquoi réalise-t-on ces calculs ?

MÉMENTO Programmation

INTRODUCTION

Un langage de programmation est nécessaire pour l'écriture des programmes : un langage simple d'usage, interprété, concis, libre et gratuit, multiplateforme, largement répandu, riche de bibliothèques adaptées aux thématiques étudiées et bénéficiant d'une vaste communauté d'auteurs dans le monde éducatif est nécessaire.

Au moment de la conception du programme, le langage choisi est Python version 3 (ou supérieure).

Vous avez utilisé le langage de programmation Scratch au collège, alors vous saurez faire avec le langage Python ou Arduino !

Contenus	Capacités attendues
▸ Affectations, variables ▸ Séquences ▸ Instructions conditionnelles ▸ Boucles bornées et non bornées ▸ Définitions et appels de fonctions	▸ Écrire et développer des programmes pour répondre à des problèmes et modéliser des phénomènes physiques, économiques et sociaux.

SYNTAXE

```
sketch_jan26a §
void setup () {
randomSeed(analogRead(0));
}

void loop() {

}

int de_nfaces(int n) {
  aleat=random(1,6);
  return(aleat);
}
```

Dans le logiciel Arduino

Les caractères apparaissent dans une police de largeur fixe type « Courier New » et les couleurs sont déterminées par le logiciel Arduino lui-même. C'est une aide à la frappe qui permet de vérifier certaines syntaxes.

Par exemple, si « void » est mal orthographiée (« voiid »), elle restera en noir. Si la syntaxe est correcte, elle apparaît en bleu ciel.

MÉMENTO Programmation

NOTIONS TRANSVERSALES DE PROGRAMMATION

▶ **Variable** : boîte qui porte un nom et dans laquelle on range (on affecte à cette variable) quelque chose (un nombre, un texte, une liste…).

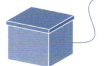

▶ **Instruction** : description d'une action à réaliser.

  ▸ **Exemple :** "Range ta chambre !"

▶ **Séquence** : suite d'instructions, appelées parfois « bloc d'instructions ».

  Range ta chambre
  Viens mettre la table

▶ **Instruction conditionnelle** : instruction dont le résultat dépend d'une condition.

  Si tu en as le temps
        Range ta chambre
  Sinon
        Demande à ton frère de le faire

▶ **Boucle** : permet de répéter une instruction ou une séquence d'instructions.
Elle peut être :

  – **Conditionnelle** (elle répète tant qu'une condition est vraie).

  Recopie jusqu'à la fin de l'heure
        "Je ne dois pas bavarder"

  – Ou **inconditionnelle** (elle répète un nombre de fois fixé).

  Recopie 100 fois
        "Je ne dois pas bavarder"

▶ **Fonction** : regroupe un ensemble d'instructions. Une fois créée, la fonction peut être appelée (par son nom !) à tout moment, ce qui permet de ne pas avoir à taper de nouveau les instructions qu'elle contient.
La fonction "ranger_chambre", qui comporte les instructions "ranger_bureau, ranger_vêtements et faire_le_lit", peut être appelée à différentes occasions :

  les samedis matin, au début des vacances, quand entrer dans sa chambre devient difficile, quand on en a envie (événement peu probable).

MÉMENTO | 191

MÉMENTO Programmation

LES FONDAMENTAUX

Voici un petit traducteur pour écrire le Python et l'Arduino facilement.

Ce que vous savez déjà faire avec Scratch	La même chose avec Python		La même chose avec Arduino
	Instructions Python	Remarques	
Créer une variable a et : y stocker la valeur 5. `mettre a à 5` y stocker le texte bonjour. `mettre a à bonjour`	`a = 5` `a = 'bonjour'`	Le caractère = ne signifie pas égalité, mais « stocker dans la variable a »	`int a = 5;` `char a[] ="bonjour";`
Afficher : le texte bonjour. `dire Bonjour` le contenu de la variable a. `dire a`	`print("bonjour")` `print(a)`	Ne pas oublier les guillemets pour afficher un texte ici "bonjour" est un texte et a est une variable	`print("bonjour");` et sur un afficheur LCD : `lcd.print("bonjour");` `print(a);` et sur un afficheur LCD : `lcd.print(a);`
Poser une question et enregistrer la réponse dans la variable nommée boite : pour un texte. `demander Quel est ton prénom ? et attendre` `mettre boite à réponse` pour un nombre entier. `demander Quel est ton age ? et attendre` `mettre boite à réponse` pour un nombre décimal. `demander Quel est ta taille en mètre ? et attendre` `mettre boite à réponse`	Code à rédiger sur une seule ligne `boite =input ('Quel est ton prénom :')` `boite =int (input('quel est ton âge :'))` `boite =float (input ('Quelle est ta taille en mètre :'))`	La fonction `input`() enregistre toujours du texte Pour enregistrer un nombre, il faut convertir cet enregistrement avec la fonction `int`() pour un nombre entier ou avec `float`() pour un nombre réel	Pas d'équivalent simple en Arduino
Effectuer des calculs `mettre solution à 2·3·4` `mettre solution à 5·6`	`solution=2*(3+4)` `solution=5*(a-6)`		`solution=2*(3+4);` `solution=5*(a-6);`
Tester le contenu de la variable a et ajouter ou soustraire 10 au contenu de a suivant son signe. `si a > 10 alors` `mettre a à a 10` `sinon` `mettre a à a 10`	`if a>0 :` `    a=a-10` `else :` `    a=a+10`	Le caractère : est obligatoire à la fin de la ligne du `if`, du `else`, du `for` ou du `while` ; de plus, la ou les instructions après les deux points " : " doivent obligatoirement être décalées par rapport au reste du programme à l'aide de la touche tabulation ⇄ du clavier	`if(a>0)` `   {` `   a=a-10;` `   }` `else` `   {` `   a=a+10;` `   }`

192

MÉMENTO Programmation

Ce que vous savez déjà faire avec Scratch	La même chose avec Python		La même chose avec Arduino
	Instructions Python	**Remarques**	

Répéter 10 fois une ou plusieurs instructions. Par exemple, augmenter 10 fois d'une unité la valeur de la variable a.	`for i in range(10) :`
	`    a=a+1`
		`i` prenant successivement les valeurs 0,1,2, …,8 ,9, les instructions de la boucle sont donc ainsi répétées 10 fois.	`for(i=0,i<10,i++)`
			`{`
			`a=a+1;`
			`}`

Répéter une ou plusieurs instructions tant qu'une condition est vérifiée. Par exemple, ajouter 1 à la variable jusqu'à a>10.	`while a<10 :`
	`    a=a+1`
			`while(a<10)`
			`{`
			`a=a+1;`
			`}`

Faire des tests	`a==10`
	
	`a>=10`
	
	`a!=10`
		Pour tester une égalité, il faut écrire deux fois le caractère = soit `==`	`a==10`
			
			`a>=10`
			
			`a!=10`

Générer une valeur aléatoire	`from random import`
	`randint`
	`aleat=randint(1,6)`
		La fonction `randint()` appartient à la bibliothèque `random` qui doit être importée ; c'est le rôle de l'instruction : from `random` import `randint`.	Il faut initialiser l'utilisation de l'aléatoire dans la fonction setup grâce à l'instruction : `randomSeed (analogRead(0));` puis l'utilisation se fait ainsi pour une valeur aléatoire entre 1 et 6 : `aleat=random(1,6);`

Écrire une fonction : sans paramètres.
 	
avec paramètres.
	`def de_6_faces() :`
	`    aleat=randint(1,6)`
	`    return aleat`
	
	`def de_n_faces(n) :`
	`    aleat=randint(1,n)`
	`    return aleat`
		Le caractère « : » est obligatoire à la fin de la ligne débutant par `def`. Les instructions après les deux points " : " et qui font partie de la fonction doivent obligatoirement être décalées par rapport au reste du programme à l'aide de la touche tabulation ⇆ du clavier. Une fonction comporte toujours au moins `return` suivi du résultat que renvoie la fonction. En Python les caractères accentués comme "é" ou "à" sont à éviter.	L'écriture de fonctions se fait après la boucle principale loop : `int de_6faces()`
			`{`
			`aleat=random(1,6);`
			`return(aleat);`
			`}`
			
			`int de_n_faces(int n)`
			`{`
			`aleat=random(1,n);`
			`return(aleat);`
			`}`

Exécuter une fonction : sans paramètres.
 	
avec paramètres.
	`de_6_faces()`
	
	`de_n_faces(16)`
			`de_6faces() ;`
			
			`de_n_faces(16) ;`

MÉMENTO | 193

MÉMENTO Programmation

APPLICATION

▶ Illustration sur un petit exercice résolu : le programme d'un jeu consistant à deviner un nombre entier compris entre 1 et 100 en un nombre minimal de tentatives.

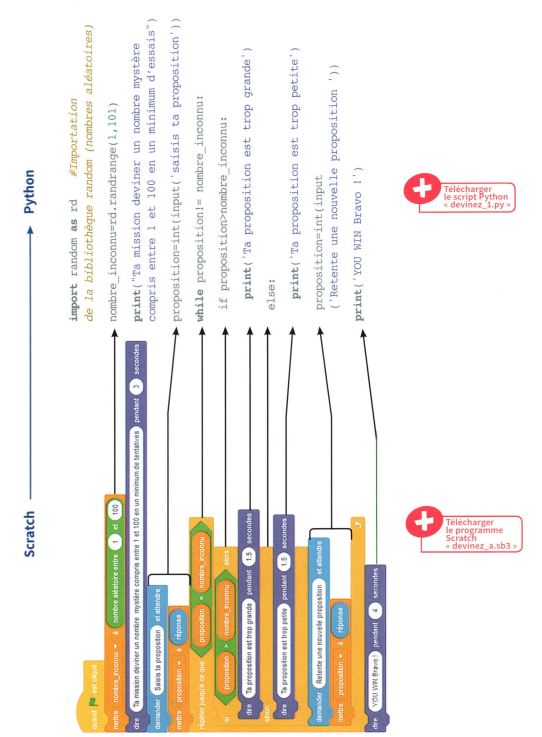

MÉMENTO Programmation

▶ **Le même programme mais complété par un décompte du nombre de tentatives (les modifications apportées au code Python sont surlignées).**

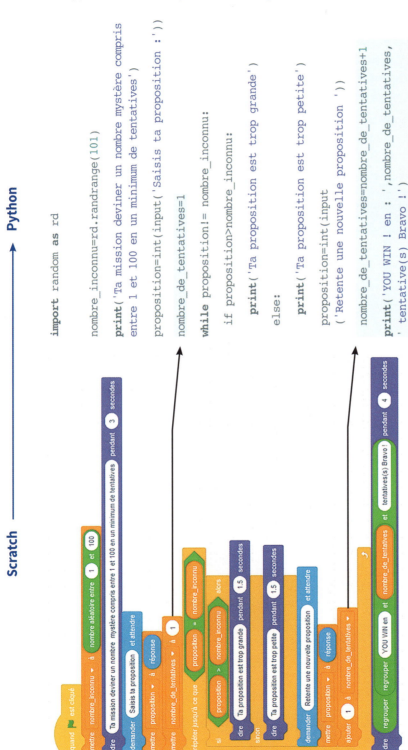

Télécharger le script Python « devinez_2.py »

Télécharger le programme Scratch « devinez_b.sb3 »

MÉMENTO Programmation

PRISE EN MAIN

Des couleurs, des formes : des drapeaux !

Un des avantages de Python est le nombre important de bibliothèques disponibles. Une bibliothèque est un ensemble de fonctions adaptées à un sujet particulier. Ces bibliothèques permettent de traiter des sujets aussi divers que : le graphisme, la programmation internet ou réseau, le formatage de texte, la génération de documents.

▶ **Peut-on tracer aisément des figures géométriques avec la bibliothèque turtle ?**

Doc. a Principales fonctions de la bibliothèque turtle

Fonction turtle	Rôle de la fonction
`import turtle as tu`	Première instruction à saisir dans le script pour importer cette bibliothèque
`tu.up()`	lève le crayon
`tu.down()`	baisse le crayon
`tu.forward(n)`	avance de n
`tu.left(d)`	tourne vers la gauche de d degrés
`tu.right(d)`	tourne vers la droite de d degrés
`tu.goto(x,y)`	se déplace vers le point de coordonnées (x,y)
`tu.circle(r)`	dessine un cercle de rayon r
`tu.width(e)`	définit l'épaisseur du trait
`tu.speed("texte")`	définit la vitesse du crayon
`tu.write("texte")`	écrit le texte
`tu.color("couleur")`	définit la couleur
`tu.bgcolor("couleur")`	définit la couleur de fond
`tu.reset()`	efface tout
`'black'`, `'grey'`, `'brown'`, `'orange'`, `'pink'`, `'purple'`, `'red'`, `'blue'`, `'yellow'`, `'green'`	Couleurs de base disponibles (attention à ne pas oublier les apostrophes)

MÉMENTO Programmation

Doc. b Code commenté permettant de tracer un carré gris sur un fond orange

```
import turtle as tu #importation de la bibliothèque turtle
largeur=40 #hauteur de l'espace de tracé
hauteur=40 #largeur de l'espace de tracé
tu.setworldcoordinates(0, 0, largeur, hauteur) #l'origine du repère en bas à gauche de l'espace de tracé
                                                de dimensions largeur*hauteur
tu.bgcolor('orange') #la couleur de fond est l'orange
tu.color('grey') #la couleur de remplissage des figures est le gris
tu.up() #le crayon est soulevé
tu.goto(largeur/2,hauteur/2) #le crayon est positionné au centre de l'espace de tracé
tu.down()#le crayon est reposé
tu.begin_fill() #début du remplissage
tu.forward(15) #le crayon avance de 15
tu.left(90) #le crayon change de direction de 90° vers la gauche
tu.forward(15)
tu.left(90)
tu.forward(15)
tu.left(90)
tu.forward(15)
tu.left(90)
tu.end_fill() #fin du remplissage
tu.hideturtle() #le crayon est caché
tu.mainloop() #instruction d'attente
qu'il est INDISPENSABLE de toujours
placer à la fin du script (dernière instruction)
```

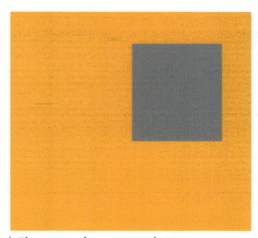

Figure tracée par ce script

MÉMENTO Programmation

Doc. c Code permettant de tracer le carré rouge en bas à gauche du drapeau danois

```python
import turtle as tu
largeur=740 #hauteur de l'espace de tracé
hauteur=560 #largeur de l'espace de tracé
tu.setworldcoordinates(0, 0, largeur, hauteur) #origine du repère en bas à gauche de l'espace de tracé
                                               de dimensions largeur*hauteur
tu.bgcolor('white') #la couleur de fond est le blanc
tu.color('red') #la couleur de remplissage des figures est le rouge
tu.begin_fill()
tu.forward(240)
tu.left(90)
tu.forward(240)
tu.left(90)
tu.forward(240)
tu.left(90)
tu.forward(240)
tu.left(90)
tu.end_fill()
up() #le crayon est soulevé
goto32(0,320) #le crayon est positionné au point de coordonées (0,320)
down() #le crayon est posé
tu.begin_fill()
for i in range(4):
    tu.forward(420)
    tu.left(90)
tu.end_fill()
tu.hideturtle() #le crayon est caché
tu.mainloop()
```

⟨ **Drapeau du Danemark**

MÉMENTO Programmation

Doc. d Quelques drapeaux

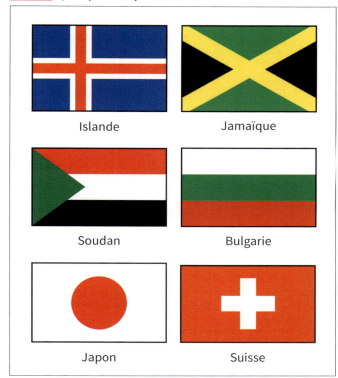

Doc. e Un tableau de Piet Mondrian

Composition II en rouge, bleu et jaune (1930)

Activités

1 **Docs a et b** Recopier le code et l'exécuter. L'angle du carré gris est-il au centre de la figure et pourquoi ?
Modifier la couleur du carré gris puis sa taille.
Remarque : le texte de couleur rouge correspond aux commentaires des instructions, il n'est pas nécessaire de le taper pour que le programme fonctionne.

2 **Docs a et c** Recopier le code et l'exécuter. Compléter le code en utilisant les dimensions portées sur la figure pour compléter le tracé du drapeau du Danemark.

3 **Docs a et c** Quel est le rôle de l'instruction "for i in range(4):" et comment la réutiliser pour réduire le nombre d'instructions ?

Trouver une solution plus rapide pour tracer ce même drapeau en partant d'une couleur de fond rouge.
En utilisant la fonction "tu.circle" tracer le drapeau du Japon.

4 **Doc. d** Reproduire l'un des autres drapeaux du document.

▶ **Doc. e** Reproduire cette œuvre de Piet Mondrian grâce au langage Python.

Lexique

Lexique complet des SNT

▶ **Antenne satellite** (→ *thème 5, unité 3*) : outil permettant la réception des émissions transmises par satellite.

▶ **Application** (→ *thème 6, unité 3*) : programme qui fonctionne sur une tablette ou un smartphone.

▶ **Avatar** (→ *thème 1, unité 5*) : image symbolisant l'utilisateur. Il s'agit ainsi d'un personnage virtuel dont le but est de donner une représentation visuelle de vous. Ainsi un avatar peut être un personnage vous représentant ou bien totalement imaginaire !

▶ **Base de données** (→ *thème 4, unité 1*) : ensemble de données structurées dans des tables, ce qui permet un accès rapide à l'information et une mise à jour facile.

▶ **Blockchain** (→ *thème 1, unité 5*) : base de données qui contient l'historique de tous les échanges effectués entre ses utilisateurs depuis sa création. Elle est partagée par ses différents utilisateurs, sans intermédiaire, ce qui permet à chacun de vérifier la validité de la chaîne.

▶ **Capteur** (→ *thème 4, unité 3 ; thème 6, unité 1*) : système permettant de détecter un phénomène physique (son, lumière, accélération…) et de le transformer en signal électrique exploitable par un système.

▶ **Cascading Style Sheets (CSS)** (→ *thème 2, unité 2*) : littéralement « feuilles de style en cascade ». Langage informatique qui décrit la présentation des documents HTML.

▶ **Centrale à inertie** (→ *thème 6, unité 6*) : capteur qui mesure les déplacements d'un objet mobile afin d'estimer son orientation et sa position.

▶ **Code source** (→ *thème 2, unité 2*) : texte décrivant le balisage de chaque élément constituant une page Web.

▶ **Collection** (→ *thème 4, unité 2*) : une collection regroupe des objets partageant les mêmes descripteurs.

▶ **Conditions Générales d'Utilisation (CGU)** (→ *thème 3, unité 5*) : document contractuel définissant les modalités d'utilisation d'un service.

▶ **Cyberviolence** (→ *thème 3, unité 4*) : acte agressif, intentionnel, perpétré aux moyens de médias numériques à l'encontre d'une ou plusieurs victimes.

▶ **Définition** (→ *thème 7, unité 4*) : nombre de pixels totaux qui constituent une image ou d'affichage sur un écran. C'est le produit du nombre de pixels de la largeur multiplié par le nombre de pixels de la hauteur, elle est souvent exprimée en mégapixels (Mpx).

▶ **Désinformation** (→ *thème 3, unité 7*) : ensemble de techniques de communication visant à tromper l'opinion publique

▶ **Donnée ouverte** (→ *thème 7, unité 4*) : donnée librement utilisable, réutilisable et pouvant être repartagée par tous.

▶ **Données personnelles** (→ *thème 2, ouverture*) : information permettant d'identifier une personne physique, directement ou indirectement.

▶ **Droit à l'oubli** (→ *thème 7, unité 8*) : droit d'un individu de demander le retrait sur internet de certaines informations qui pourraient lui nuire sur des actions qu'il a faites dans le passé. Il s'applique concrètement soit par le retrait de l'information sur le site d'origine, on parle alors du droit à l'effacement, soit par un déréférencement du site internet par les moteurs de recherche, on parle alors du droit au déréférencement.

▶ **Droit d'auteur** (→ *thème 7, unité 8*) : le droit d'auteur est l'ensemble des droits dont dispose un auteur ou ses ayants droit sur des œuvres de l'esprit originales et des droits corrélatifs du public à l'utilisation et à la réutilisation de ces œuvres sous certaines conditions.

▶ **E-réputation** (→ *thème 3, unité 6*) : perception des internautes d'une entité (individu ou entreprise par exemple) sur internet.

▶ **Exosquelette** (→ *thème 6, magazine*) : équipement motorisé et articulé, fixé sur le corps, qui permet d'aider les muscles ou de s'y substituer.

▶ **Fichier RAW** (→ *thème 7, unité 4*) : un fichier RAW est un fichier généré par un appareil photo numérique qui contient l'ensemble des données générées par le capteur, brutes de traitement, plus quelques informations complémentaires selon la marque et le modèle de l'appareil.

▶ **Fonctionnalité** (→ *thème 3, unité 1*) : fonctions de rendu de service disponibles dans une application.

▶ **Format de données standard** (→ *thème 4, unité 2*) : agencement type d'une donnée informatique sur lequel les programmes interopèrent en s'échangeant des données.

▶ **Géodésie** (→ *thème 5, unité 1*) : science étudiant la forme et la mesure des dimensions de la Terre.

▶ **Graphe** (→ *thème 3, unité 2*) : représentation symbolique des liens existant entre les entités.

▶ **Horloge atomique** (→ *thème 5, unité 3*) : horloge extrêmement précise basée sur la mesure de temps de transitions stables au niveau des atomes.

▶ **HTML (HyperText Markup Language)** (→ *thème 2, unité 2*) : langage de balisage conçu pour représenter les pages web.

▶ **HTTP (HyperText Transfer Protocol)** (→ *thème 2, unité 2*) : littéralement « protocole de transfert hypertexte » Protocole de communication client-serveur développé pour le Web.

▶ **HTTPS** (→ *thème 2, unité 3*) : version sécurisée du protocole HTTP.

▶ **Information** (→ *thème 4, unité 1*) : interprétation que l'on fait d'une donnée.

▶ **Intelligence artificielle** (→ *thème 6, unité 6*) : ensemble de programmes informatiques complexes capables de reproduire certains traits de l'intelligence humaine (raisonnement, apprentissage, créativité).

▶ **Interface** (→ *thème 6, unité 2*) : limite commune entre deux entités. Une Interface Homme-Machine permet à un être humain de donner ou de recevoir des informations d'une machine et de la contrôler.

▶ **Interface de navigation** (→ *thème 3, unité 1*) : surface organisée pour permettre la navigation entre les divers éléments d'un site, d'un moteur ou d'une application.

▶ **Interopérabilité** (→ *thème 4, unités 2 et 6*) : plusieurs systèmes, souvent hétérogènes, peuvent communiquer et travailler ensemble sur la base de normes partagées, clairement établies et univoques.

200

Lexique complet des SNT

▶ **IP** (→ *thème 1, unité 2*) : signifie Internet Protocol : littéralement « le protocole d'Internet ». C'est le principal protocole utilisé sur Internet. Le protocole IP permet aux machines reliées à ces réseaux de dialoguer entre elles.

▶ **Itération** (→ *thème 5, unité 6*) : en informatique, procédé de calcul qui se répète en boucle jusqu'à ce qu'une condition particulière soit remplie.

▶ **Matrice d'adjacence** (→ *thème 3, unité 2*) : représentation d'un graphe sous forme d'une matrice à deux dimensions, c'est-à-dire un tableau décrivant les liens (les arêtes) deux à deux entre les objets (sommets) du graphe.

▶ **Métadonnées** (→ *thème 4, unité 6*) : ensemble structuré d'informations décrivant une ressource quelconque. Les métadonnées ne décrivent pas nécessairement des documents électroniques.

▶ **Netiquette** (→ *thème 1, unité 5*) : charte définissant les règles de conduite et de politesse à adopter sur les premiers médias de communication mis à disposition par Internet.

▶ **Odomètre** (→ *thème 6, unité 6*) : appareil mesurant la vitesse et la distance parcourue par une voiture grâce au nombre de rotations d'une roue et en fonction de sa circonférence.

▶ **Paquet** (→ *thème 1, unité 2*) : dans un réseau, l'information qui circule est découpée en unités élémentaires appelées paquets. Il s'agit d'une suite d'octets suffisamment courte pour pouvoir être communiquée sous forme numérique et sans erreur sur un câble de communication ou tout autre type de liaison numérique (radio par exemple).

▶ **Pensée critique** (→ *thème 3, unité 7*) : capacité de penser objectivement et rationnellement.

▶ **Photodiode** (→ *thème 7, unité 3*) : composant électronique semi-conducteur capable de convertir un signal lumineux en signal électrique analogique qui traduit la quantité de lumière reçue.

▶ **Photorécepteur** (→ *thème 7, unité 1*) : cellule sensible aux stimuli lumineux.

▶ **Pixel** (→ *thème 7, unité 4*) : plus petite unité d'une image.

▶ **Profondeur de champ** (→ *thème 7, unité 2*) : étendue de la zone de netteté entre le sujet le plus proche et le sujet plus éloigné d'une scène photographiée. Plus le diaphragme sera ouvert, moins la zone de netteté sera étendue et inversement.

▶ **Protocole** (→ *thème 1, unités 2, 3 et 5*) : ensemble de règles qui permettent d'établir une communication entre deux objets connectés sur un réseau. Il spécifie les formats des messages échangés (au bit près) et comment ces messages doivent être traités. Remarque : les protocoles d'Internet sont labellisés par l'IETF. Un protocole spécifie en particulier les formats des messages échangés et comment ces messages doivent être traités.

▶ **Ransomware** (→ *thème 4, unité 7*) : rançongiciel en français. Logiciel malveillant qui prend en otage des données personnelles. Il chiffre ces données puis demande à leur propriétaire d'envoyer de l'argent en échange de la clé qui permettra de les déchiffrer.

▶ **Redondance** (→ *thème 6, unité 6*) : plusieurs capteurs distincts fonctionnant sur des principes différents mesurent la même chose.

▶ **Requête** (→ *thème 1, unité 3*) : demande émise par un ordinateur client. Il l'émet à destination d'un autre ordinateur, le serveur, qui contient l'information recherchée et l'envoie au client. Le mode client-serveur est, par exemple, le mode de fonctionnement de la navigation sur internet.

▶ **Réseau Pair-à-Pair** (→ *thème 1, unité 5*) : réseau « égal à égal », traduction de l'anglicisme Peer-to-Peer, « ami-à-ami », souvent abrégé « P2P ». C'est un modèle de réseau informatique proche du modèle client-serveur mais où chaque client est aussi un serveur.

▶ **Résolution** (→ *thème 7, unité 4*) : nombre de pixels sur une unité de longueur, elle est exprimée en DPI (*Dot Per Inch*) ou PPP (Point Par Pouce). Pour une image, plus la résolution est importante plus les détails sont fins. Si la résolution est insuffisante, l'image apparaît « pixélisée ».

▶ **Routeur** (→ *thème 1, unités 4 et 5*) : appareil qui permet de faire transiter un message d'un réseau vers les autres réseaux.

▶ **Satellite (artificiel)** (→ *thème 5, unité 3*) : engin portant des équipements et mis en orbite autour de la Terre.

▶ **Sexagésimal** (→ *thème 5, unité 1*) : système de numération de base 60. C'est le système utilisé pour le temps et pour les angles : 60 minutes pour 1 degré. Les degrés décimaux fonctionnent sur une base 10.

▶ **Signal analogique** (→ *thème 7, unité 3*) : signal qui varie de façon continue dans le temps.

▶ **Silicium** (→ *thème 7, unité 3*) : élément chimique qui se trouve en abondance sur Terre sous la forme de cristaux de silice et silicates. Il est, après l'oxygène, l'élément le plus abondant. Sous sa forme pure, il sert à la fabrication de composants électroniques.

▶ **Spyware** (→ *thème 2, unité 5*) : logiciel espion en français. Programme malveillant qui collecte et transfère des informations sur l'environnement dans lequel il s'est installé, sans que l'utilisateur en ait connaissance.

▶ **Store** (→ *thème 6, unité 3*) : espace sur lequel des applications gratuites ou payantes peuvent être téléchargées.

▶ **Streaming** (→ *thème 1, unité 6*) : technique de diffusion et de lecture en ligne et en continu de données.

▶ **Triangulation** (→ *thème 5, unité 3*) : méthode mathématique utilisant la géométrie des triangles pour déterminer la position relative d'un point.

▶ **Troll** (→ *thème 2, unité 6*) : personne qui participe à un débat dans le but de nourrir artificiellement une polémique et de perturber l'équilibre de la communauté concernée.

▶ **URL (Universal Ressource Locator)** (→ *thème 2, unité 1*) : aussi appelé adresse Web. Identification d'une page Web.

▶ **Web profond (deep web)** (→ *thème 2, unité 4*) : ensemble des ressources non-accessibles par un moteur de recherche.

LEXIQUE | 201

Corrigés des exercices

THÈME 1. INTERNET

VRAI / FAUX

1. Faux

2. Vrai

3. Vrai

4. Vrai

5. RELIER

Snapchat	Thunderbird
• Est une messagerie instantanée • Permet d'envoyer des messages anonymes • Permet de transmettre des photographies • Peut être utilisé sur une tablette • Permet des échanges en ligne	• Permet de lire ses courriels • Permet de transmettre des photographies • Échange avec un serveur

QUIZ

6. (cmoi)bigboss@sfr.fr

7. 1.0.0.1 ; 1.245.3.4

8. IMAP – importe – internet

9. a. Intrus : BOINC

b. serveur de messagerie – IP

QCM

10. a, c

11. b

12. b

13. b, c

14. b, c

15. a, c

16. a, d

17. EXERCICE GUIDÉ

1. a. 4 paquets

b. Réponse contextuelle (dépend du poste où elle est exécutée)

c. Réponse contextuelle (dépend du poste où elle est exécutée)

2. Réponse contextuelle (dépend du poste où elle est exécutée)

3. Réponse contextuelle (dépend du poste où elle est exécutée)

18. RELIER SUR DOCUMENTS

1	Le logiciel de Fred contacte le serveur smtp du domaine truc.fr
2	smtp.truc.fr transfère le mail
3	Le mail de Fred est dans l'espace mémoire accordé aux mails de Jean sur le serveur
4	Marc utilise son logiciel de messagerie pour vérifier s'il a de nouveaux mails
5	Le logiciel du serveur de domaine machin.com sollicite le serveur pop
6	Le serveur pop envoie ses mails au logiciel de messagerie de Marc

THÈME 2. LE WEB

VRAI / FAUX

1. Faux

2. Faux

3. Faux

4. Faux

5. RELIER

URL ➜ Adresse d'une page Web

HTTP ➜ Protocole de dialogue du Web

CSS ➜ Langage décrivant la mise en forme de la page Web

HTML ➜ Langage décrivant le fond de la page Web

W3C ➜ Fondation gérant les spécifications techniques du Web

QUIZ

6. a. Intrus : découverte ; mot commun : moteur de recherche.

b. Intrus : connexion ; mot commun : paramétrage navigateur Web.

c. Intrus : accès au Web ; mot commun : la loi.

d. Intrus : Mozilla ; mot commun : navigateur Web.

e. Intrus : mail ; mot commun : ressources du Web.

7. Web – l'échange – Web 2.0 – publication – Web 3.0 – d'interagir – données personnelles – désinformation

QCM

8. b

9. a

10. a

11. b

12. c

13. a

14. b

15. CHARADE
1er : HAL
2e : Go
3e : rite
4e : me
Réponse : algorithme

16. EXERCICE GUIDÉ
1.

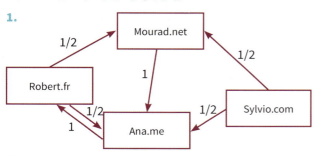

2.
Robert.fr : 2
Mourad.net : 2
Sylvio.com : 1
Ana.me : 3

3. Ana.me

QCM SUR DOCUMENT
17. b
18. c
19. b
20. a

THÈME 3.
LES RÉSEAUX SOCIAUX

VRAI / FAUX
1. Faux
2. Faux
3. Vrai
4. Faux
5. Faux
6. vrai

QCM
7. c
8. b
9. a
10. b
11. b

12. TEXTE À COMPLÉTER
cyberharcèlement – limites – dissémination rapide – d'anonymat – cyberviolences

13. RELIER
Facebook → 2004
Reddit → 2005
Snapchat → 2011
QQ → 1999
TikTok → 2016

14. CHARADE
1er : comme
2e : une
3e : eau
4e : thé
Réponse : communauté

CHERCHER L'INTRUS
15. hauteur
16. communautaire
17. Vie sociale
18. système de requêtes
19. Skype

20. EXERCICE GUIDÉ
1. Les noms sont repérés en rouge.

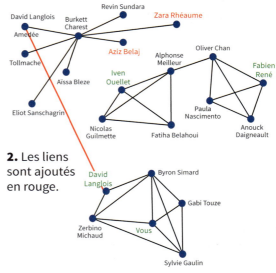

2. Les liens sont ajoutés en rouge.

3. David Langlois, Aziz Belaj, Iven Ouellet, Olivier Chan

4.
1- Vous – Zerbino – Langlois – Charest – Belaj
2- Vous – Zerbino – Langlois – Charest – Rhéaume
3- Vous – Zerbino – Langlois – Charest – Ouellet – Meilleur – Chan – René

Dans le **doc. b** : « C'est dans la forêt humide de Zanzibar, que nous rencontrons **le Dr Belaj** et son assistant **M. Ouellet**. Ils nous indiquent l'état de leur recherche sur les singes colobes roux [...]. »

Corrigés des exercices

QCM SUR DOCUMENT

21. b.

22. a.

THÈME 4. LES DONNÉES STRUCTURÉES ET LEUR TRAITEMENT

VRAI OU FAUX

1. Faux

2. Faux

3. Vrai

4. Vrai

5. Faux

6. RELIER

Carte microSD ➝ Support de stockage interne
Disque Blu-Ray ➝ Support de stockage externe
Cloud ➝ Support de stockage distant
Disque dur ➝ Support de stockage interne
Drop box ➝ Support de stockage distant
DVD ➝ Support de stockage externe

QCM

7. b

8. a, d

9. b, d

QUIZ

10. Intrus : PDF – Traitement de texte

11. Métadonnées – données – photographie – auteur

12. SAAS : ordinateur personnel – smartphone, tablette, objets connectés
IAAS : réseau – serveur – ordinateur professionnel
PAAS : base de données

13. EXERCICE GUIDÉ

1. Code région – Nom de la région – Population totale

2. Par Code département

3. Auvergne-Rhône-Alpes

4. Les caractéristiques de la région seraient répétées autant de fois que de département dans la région.

5. Huit tables

6. La table des communes avec 35 441 enregistrements qui représente le nombre des communes en France

7. Côtes-d'Armor. 1324 habitants.

8.

	Plus peuplé	Moins peuplé
Région	Île-de-France	Guyanne
Département	Hauts-de-France	Occitanie
Commune	Toulouse	Rochefourchat

Non, car par exemple les communes suivantes : Majastres et Leménil-Mitry ont chacune trois habitants !

9. lien : https://www.data.gouv.fr/fr/datasets liste-des-gares/
7702 gares.

THÈME 5. LOCALISATION, CARTOGRAPHIE ET MOBILITÉ

VRAI OU FAUX

1. Faux

2. Faux

3. Faux

4. Faux

5. Vrai

6. Vrai

7. Faux

QCM

8. a

9. a

10. a, b, c

QUIZ

11. Caractéristiques : sur une carte numérique, les données sont associées à leurs coordonnées.
Avantages : sur une même carte, sont rassemblées des différentes données et les différentes échelles.

12. Recherches dans la base de données, positionnement en fonction des coordonnées et des autres données et mise à l'échelle.

13. Les satellites de géolocalisation émettent un signal qui les identifie et qui donne l'heure d'émission du signal. Connaissant la vitesse du signal et l'heure de réception, le récepteur calcule la distance par rapport au satellite et donc sa position en utilisant plusieurs satellites.

14. Impacts positifs : optimisation d'activités par l'analyse cartographique (croisement de données).
Impacts négatifs : dépendance à des technologies piratables, risque de collecte et d'utilisation des données de localisation sans autorisation éclairée.

15. a. A, C, D, F

16. EXERCICE GUIDÉ

C'est le B qui sera retenu car c'est celui dont le coût est le plus faible (4 < 6)

17. QCM SUR DOCUMENT

a, b, c, e, f, g

THÈME 6. OBJETS CONNECTÉS ET INFORMATIQUE EMBARQUÉE

VRAI / FAUX

1. Faux
2. Vrai
3. Vrai
4. Vrai
5. Faux
6. Vrai
7. Faux
8. Vrai

9. RELIER

Permet à la machine de fournir des informations à l'homme	Permet à l'homme de fournir des informations à la machine
• Écran • Haut-parleur • Imprimante • Témoin lumineux	• Interrupteur • Souris • Joystick • Télécommande

10. Peau → Capteur
Muscle → Actionneur
Cerveau → Microprocesseur
Œil → Capteur
Nez → Capteur
Voix → Actionneur
Oreille → Capteur

QCM

11. a, c, d
12. a, b, d

13. a, b, c, d
14. c

QUIZ

15. imprimante
16. données/informations – capteurs – d'interfaces – communiquer

17. EXERCICE GUIDÉ

1. Le rover Curiosity est un système informatique embarqué. Il dispose des éléments suivants :
- capteurs : caméras,
- actionneurs : roues, tourelle, bras articulé,
- source d'énergie : Générateur thermoélectrique,
- microprocesseur,
- mémoire,
- IHM : à distance, connectée via l'antenne UHF.

2. Le rover Curiosity doit être totalement autonome car le temps de trajet des informations entre le centre de commande situé sur Terre et le robot situé sur Mars est au minimum de 3 min. Imaginons que le rover arrive devant une crevasse. Si le rover n'était pas autonome, il ne saurait pas s'arrêter tout seul, c'est depuis la Terre qu'on le commanderait. Mais l'image de la crevasse mettrait entre 3 et 20 minutes à parvenir à la Terre, puis le pilote à distance réagirait et enverrait l'information « arrêt des roues » qui mettrait elle aussi entre 3 et 20 minutes pour arriver au robot. Au total, il s'écoulerait donc entre 6 et 40 minutes entre la vue de la crevasse et l'arrêt de l'engin, ce qui serait certainement trop tard pour ce dernier qui serait tombé dans le trou depuis un certain temps déjà.

THÈME 7. LA PHOTOGRAPHIE NUMÉRIQUE

VRAI / FAUX

1. Vrai
2. Vrai
3. Faux
4. Vrai
5. Faux
6. Faux
7. Vrai
8. Faux
9. Faux
10. Faux
11. Faux

Corrigés des exercices

12. RELIER

Capteur → lumière
Processeur → calculs des algorithmes
Convertisseur A/N → signal analogique/électrique
Carte SD → mémoire pérenne
Objectif → mise au point
RAM → mémoire vive

13. QUIZ

plus légère – obtenir son autorisation – tremblement – protéger – partager

QCM

14. b.
15. a.
16. c.
17. b.
18. a.

19. b.
20. a.
21. b.

22. RELIER

Balance des blancs → température de la lumière
Indice de luminance → intensité lumineuse
Dématriçage → couleurs des pixels

23. EXERCICE GUIDÉ

1. Depuis le menu « Couleurs », sélectionner « Inverser ».

2. L'opération que l'on va réaliser pour chaque canal de couleur est « 255 – valeur actuelle du canal pour le pixel ».
En Python cela donne :
255 – pixel[0], 255 – pixel[1] – pixel[2].
Dans le tuple RVB, 0 correspond au canal Rouge, le 1 au Vert et le 2 au Bleu

3. Le script corrigé :

```
# -*- coding: utf-8 -*-

#############################
#                           #
#     Négatif d'une image   #
#                           #
#############################

# Importation des librairies
from PIL import Image

# Ouverture du fichier image
fichierImage = 'photo.jpg'
imageSource = Image.open(fichierImage)

# Affichage de l'image pour comparaison
imageSource.show()

# Récupération de la largeur et hauteur de l'image
largeur, hauteur = imageSource.size

# Création d'une image de même type
imageFinale = Image.new(imageSource.mode,imageSource.size)

# Boucle de traitement des pixels pour le filtre négatif
for x in range(largeur):
        for y in range(hauteur):
                pixel = imageSource.getpixel((x,y)) # Sélection du pixel
                p = (255 - pixel[0], 255 - pixel[1], 255 - pixel[2]) # On calcule le complément
                à MAX pour chaque composante
                imageFinale.putpixel((x,y), p) # Composition de la nouvelle image

# Affichage de l'image finale et enregistrement
imageFinale.show()
imageFinale.save(«Image finale - negatif.jpg»)

# Fermeture du fichier image source
imageSource.close()
```

QCM SUR DOCUMENT

24. c
25. a

26. a
27. b

Crédits photographiques

En couverture
- L'utilisation des applications sur smartphone pour se localiser et s'orienter est devenue aujourd'hui incontournable.
© Antonio Guillem/iStock
- Utilisation d'un appareil photo numérique reflex, technologie dont l'usage est courant à présent.
© JackF/Adobestock
- La navette électrique EZ 10 EasyMile est un véhicule 100 % autonome, qui circule dans le bois de Vincennes, à Paris.
©Sébastien Durand/Shutterstock

Couverture : ht ISTOCK ; bas SHUTTERSTOCK ; m ADOBE STOCK PHOTO
Garde avant : I ht d ADOBE STOCK PHOTO ; I bas d ADOBE STOCK PHOTO ; I bas g 2019 Klaus Wagensonner Yale Babylonian Collection ; I ht g D. R. ; II bas d IBM ; II bas PHOTO12.COM / ALAMY ; II m bas Projet Rubens, ENS Lyon ; II m ht GETTY IMAGES France ; II ht Wikimédia / Propio
Thèmes : 16 SHUTTERSTOCK ; 17 ht David/Levene/eyevine/BUREAU 233 ; 18 ht Submarine cable map ; 18 bas g Plan France Très Haut Débit ; 18 bas d DR ; 20 GETTY IMAGES France ; 27 SHUTTERSTOCK ; 29 SHUTTERSTOCK ; 30 bas d ARCEP ; 32 ht NAIC/AFP ; 32 bas DR ; 33 bas g GETTY IMAGES France ; 33 ht SHUTTERSTOCK ; 39 Statista ; 40 SHUTTERSTOCK ; 48 m SHUTTERSTOCK ; 51 ht d Adguard ; 52 Classen Rafael/Getty Images ; 53 ht g GETTY IMAGES France ; 53 m Mandel Ngan/AFP ; 53 ht d GETTY IMAGES France ; 53 ht GETTY IMAGES France ; 54 GETTY IMAGES France ; 54 bas ACTES SUD ; 55 ht GETTY IMAGES France ; 55 bas SHUTTERSTOCK ; 62 SHUTTERSTOCK ; 64 g Ikconseil ; 64 d Fred Cavazza ; 66 Hans Põldoja / Flickr ; 67 ADOBE STOCK PHOTO ; 72 ht d Médiamétrie, Étude Actu24/7, Édition 2016 - Copyright Médiamétrie, Tous droits réservés ; 73 Agence Tiz ; 74 Condé Nast / The Cartoon Bank / The New Yorker Collection / Peter steiner ; 76 www.nonauharcelement.education.gouv.fr ; 77 ht d AFP / Nicolas Asfouri ; 77 m g CNIL ; 78 ht SIPA PRESS / AP / Jose Luis Magana ; 78 bas CHRISTOPHE L COLLECTION ; 79 ht CHRISTOPHE L COLLECTION ; 79 bas GETTY IMAGES France / Luis Alvarez ; 84 ADOBE STOCK PHOTO ; 86 Connie Zhou / Google ; 87 HP ; 88 ht SHUTTERSTOCK ; 88 bas d CERN ; 88 bas g SHUTTERSTOCK / cheyennezj ; 90 bas m W3C ; 90 ht ADOBE STOCK PHOTO ; 90 bas g ISO ; 91 CHRISTOPHE L COLLECTION ; 94 Wikimédia / DePiep ; 95 CEA ; 96 g PHOTO12.COM / ALAMY ; 98 haut d LEEMAGE ; 101 ht ADOBE STOCK PHOTO ; 101 m D. R. ; 101 ADOBE STOCK PHOTO ; 102 g Alioze ; 104 bas CHRISTOPHE L COLLECTION ; 105 bas ADOBE STOCK PHOTO ; 105 ht D. R. ; 110 ADOBE STOCK PHOTO ; 112 ESA ; 113 ht Openstreetmap CC by SA / Cloudmade ; 115 IGN ; 122 Arduino ; 126 ht d ISTOCK ; 126 bas REA / Laurent Cerino ; 126 ht g Flightradar24 ; 127 ht Historial de la Grande Guerre, illustration par David Périmony ; 127 bas Nasa / Images courtesy susan Moran, Landsat 7 Science Team and USDA Agricultural research Service ; 128 Kid-control.com ; 129 m d Dreamstime / Creative commons Zero (CC0) ; 130 ht D. R. ; 130 bas d CHRISTOPHE L COLLECTION ; 131 ht Amazon ; 131 bas PARROT Pascal ; 138 GETTY IMAGES France / xavieramau ; 139 ht SHUTTERSTOCK ; 141 ADOBE STOCK PHOTO ; 142 ht d IBM ; 142 bas PHOTO12.COM / ALAMY ; 142 g Wikimédia / David Monniaux ; 143 ht IHS Markit ; 143 bas Image Courtesy Leap Motion ; 146 ht SHUTTERSTOCK ; 146 bas Arduino ; 148 ht PHOTO12.COM / ALAMY ; 151 Google ; 152 ECAL / Julien Ayer ; 154 ht HUBERT BLATZ ; 155 ht TOP Quentin ; 155 bas CNIL ; 156 ht CLINATEC ; 156 bas CHRISTOPHE L COLLECTION ; 157 bas ISTOCK ; 161 NASA ; 162 ht ISTOCK / Ksenusya ; 162 bas Sony ; 164 BIGPIXEL ; 165 GETTY IMAGES France / Xinzheng ; 166 SHUTTERSTOCK ; 167 SHUTTERSTOCK ; 170 g SHUTTERSTOCK ; 170 d ISTOCK / Adventtr ; 173 SHUTTERSTOCK ; 178 ht d D. R. ; 178 bas g 2010 James Vernacotola ; 178 bas d SHUTTERSTOCK ; 178 m g AFP / POOL / Justin Tallis ; 178 ht g AFP / POOL / Justin Tallis ; 180 d AFP / Valérie Macon ; 182 bas ARTE Edition ; 182 Mattias Wähner ; 183 ht EyeFly 3D ; 183 bas PLAINPICTURE / Cavan Images/Cavan Social ; 188 haut Daniel CENTENO - @PilotGanso
Garde arrière : III m SHUTTERSTOCK ; III g Direction de l'information légale et administrative, paris 2017 ; IV ht g SHUTTERSTOCK ; IV bas ISTOCK ; IV ht d SHUTTERSTOCK

Les photos pages : 168-docs b et c, 169-docs d et e, 174-doc. b, 175-doc. d, 177-doc. e, 180-doc. a, 181-doc. e, 187g-ex. 23, 188-ex. 30 et 189 ont été réalisées par Jacques GERARD-GERARD PHOTO VITTEL.
Les photos page 172-doc. c, 175g et 187d-ex. 23 ont été réalisées par Fabien Devost.
Les photographies d'expérience non référencées ont été prises par Frédéric Hanoteau.

Les droits de reproduction des iconographies sont réservés en notre comptabilité pour les auteurs ou ayants droit dont nous n'avons pas trouvé les coordonnées malgré nos recherches et dans les cas éventuels ou les mentions n'auraient pas été spécifiées.

Contenus éditoriaux fournis par l'ONISEP (page 15) :
Rédaction : Séverine Maestri, Michel Muller ;
Coordination : Emmanuel Percq ;
Édition : Isabelle Dussouet.

Édition : Alexia Bastel
Coordination éditoriale : Romain Houette
Mise en page : STDI
Conception graphique : Lélia Withnell
Couverture : Marc Henry
Illustrations : Pascal Marseaud
Schémas : STDI
Iconographie : Juliette Barjon, Annie-Claire Auliard
Photogravure : Irilys

Le papier de cet ouvrage est composé de fibres naturelles, renouvelables, fabriquées à partir de bois provenant de forêts gérées de manière responsable.

FSC MIXTE Papier issu de sources responsables FSC® C022030
www.fsc.org

N° de projet : 10257533 - Dépôt légal : août 2019
Achevé d'imprimer en Italie par Grafica Veneta - Trebaseleghe en août 2019

« QU'EST-CE QUE L'INFORMATIQUE ? »

C'est une affaire de données

DÉFINITION

❝ *Qu'est-ce que cela veut dire ?*

Une donnée est la représentation sous une forme numérique d'une information. Cette donnée est présente soit dans le texte du programme (code source) soit en mémoire durant l'exécution de ce programme. C'est l'interprétation et la représentation de la source de données qui donne lieu à la création d'information intelligible.

❝ *La diversité des données*

La donnée représente un fait brut, non traité, sans interprétation. Elle est sortie directement des capteurs ou des saisies sources. Elle peut être ouverte, publique, personnelle. Une donnée ouverte est une donnée caractérisée par ses propriétés qui la rendent diffusable : accessible, exploitable, et réutilisable par tous.

À L'ÉPREUVE DU TEMPS

❝ *Quelle durée de vie des supports numériques ?*

Les données numériques doivent être stockées sur un support qui garantit le meilleur usage au cours du temps. Elles doivent être consultables facilement et archivables de manière durable. C'est une question complexe, car la plupart des supports numériques ont une durée de vie n'excédant pas 15 à 20 ans. Les plus mauvais se dégradent au bout d'un an seulement et les disques durs SSD les plus fiables tiennent jusqu'à 50 ans en utilisation régulière. Mais après ?

HISTOIRE DE...

Internet héberge des milliards de pages Web, ce qui représente une masse considérable de données. Aujourd'hui, les sites Web sont très optimisés et faciles à utiliser. Pourtant cela n'a pas toujours été le cas : il n'y a pas si longtemps, le Web était constitué de sites très peu évolués et difficiles à maîtriser. Il est possible de retrouver ces restes d'un autre temps et ainsi de remonter dans l'histoire mouvementée de l'internet. Le site Waybackmachine stocke des milliers d'archives Web depuis sa création. Cela représente des milliers de pages Web enregistrées telles qu'elles étaient à une date précise.

INTERNET ARCHIVE
WayBackMachine

C'est une affaire de machines

LES ORIGINES

❝ **Qu'est-ce que cela veut dire ?**

Les ordinateurs sont des machines électroniques de traitement automatisé de l'information, capables de manipuler des données sous forme binaire et de traiter des informations selon des séquences d'instructions prédéfinies : les programmes.

À noter que le mot « ordinateur » a été introduit dans la langue française par IBM France en 1955.

À L'AVENIR

❝ **Côté utilisateur : les ordinateurs sur le point de disparaître !**

Aujourd'hui, on cherche à mettre toujours plus de puissance dans des appareils toujours plus petits. Alors, pourquoi ne pas les faire disparaître ? On disposera des interfaces habituelles (smartphone, télé, clavier, etc.) et, localement, des ressources d'un ordinateur superpuissant, mais tous les composants seront non pas chez nous mais dans de gigantesques centres sécurisés. Tout serait envoyé par connexion internet ultrarapide, sans perte de qualité et sans latence.

❝ **Côté fabricant : début 2019, l'ordinateur quantique sort des laboratoires !**

L'informatique quantique est considérée comme l'une des technologies actuelles les plus prometteuses. En effet, les ordinateurs quantiques peuvent traiter plus de données, de manière exponentielle, et pourraient complètement transformer des industries entières – aérospatial, défense, finance, etc. – et peut-être même trouver un traitement curatif contre le cancer.

◀ L'ordinateur quantique IBM Q System One

HISTOIRE DE...

Si l'ordinateur apparaît comme une invention relativement récente, sa mise au point a nécessité plusieurs millénaires d'évolution et de découvertes successives (depuis l'invention du zéro par les babyloniens).

❝ **C'est peut-être l'avenir de l'ordinateur, tourné vers le cloud computing.**

1642
La Pascaline. Cette machine, dont le premier exemplaire a été construit vers 1642, était limitée aux opérations d'addition et de soustraction et utilisait des pignons et des roues à dents d'horlogerie.

1673
Gottfried Leibniz en perfectionne le principe et met au point une machine capable d'effectuer des multiplications, des divisions et même des racines carrées.

1834
Le mathématicien anglais **Charles Babbage** invente la machine à différence, qui permet d'évaluer des fonctions. Il construit sa machine à calculer en exploitant le principe du métier à tisser Jacquard programmé à l'aide de **cartes perforées**. Cette invention marque les débuts de la programmation.

1889
Hollerith développe sa célèbre machine à statistiques : grâce à l'électricité, cette machine permet de décoder rapidement le contenu de cartes perforées. Cette machine a été utilisée pour le recensement de la population des États-Unis en 1890. C'est le début de la mécanographie.

1936
Alan Mathison Turing publie un article présentant sa machine de Turing, le premier calculateur universel programmable. Il invente alors les concepts de programmation et de programme.

1938
Konrad Zuse invente le premier ordinateur à utiliser le système binaire au lieu du décimal.